全国技工院校计算机类专业（中／高级技能层级）

Animate 动画设计与制作 实训题集

主　编　王淑惠
副主编　高丽娟　李　环
主　审　耿立波

中国劳动社会保障出版社

简介

本书是全国技工院校计算机类专业教材（中 / 高级技能层级）《Animate 动画设计与制作》的配套实训题集。

本书按照教材项目、任务顺序编排，根据教材讲授的知识与技能设置实训任务，具有较强的可操作性和拓展性，可帮助学生进一步巩固所学知识，锻炼实际操作技能。

完成本书中实训任务所需的相关素材可通过技工教育网（http://jg.class.com.cn）下载并使用。

本书由王淑惠任主编，高丽娟、李环任副主编，王岩红、郭晓卿、李娜参与编写，耿立波任主审。

图书在版编目（CIP）数据

Animate 动画设计与制作实训题集 / 王淑惠主编.
北京：中国劳动社会保障出版社，2024. --（全国技工院校计算机类专业：中 / 高级技能层级）. -- ISBN 978-7-5167-6647-7

Ⅰ. TP391.414-44

中国国家版本馆 CIP 数据核字第 2024H106H8 号

中国劳动社会保障出版社出版发行

（北京市惠新东街 1 号　邮政编码：100029）

*

保定市中画美凯印刷有限公司印刷装订　　新华书店经销

787 毫米 ×1092 毫米　16 开本　9.25 印张　181 千字

2024 年 9 月第 1 版　　2024 年 9 月第 1 次印刷

定价：23.00 元

营销中心电话：400-606-6496

出版社网址：http://www.class.com.cn

http://jg.class.com.cn

目录

CONTENTS

项目一
图形绘制

实训任务 1　绘制孙悟空脸谱面具

一、实训情境

某动画公司的设计师接受了一项动画制作任务：以孙悟空为原型，设计一款脸谱面具。该任务要求设计师在 30 min 内使用 Adobe Animate 2023 软件进行孙悟空脸谱面具的绘制，得到图 1-1-1 所示的最终效果。

图 1-1-1　孙悟空脸谱面具

二、实训分析

在本任务中，可利用矩形工具和椭圆工具等来完成图形的绘制。任务开始前，按照图 1-1-2 所示的思维导图复习教材中的知识点和技能点。

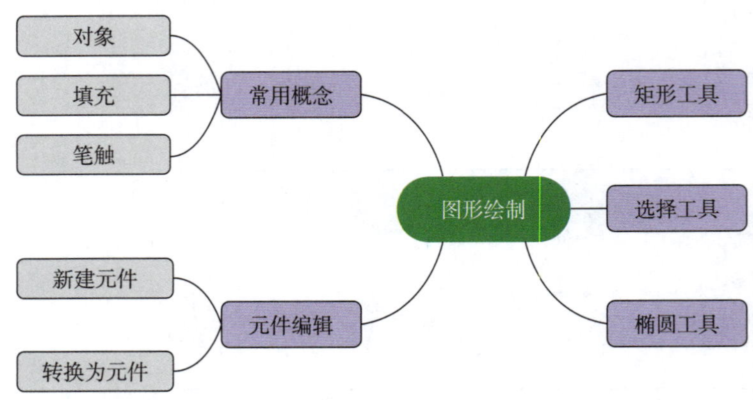

图 1-1-2 教材内容思维导图

三、实训计划制订

根据上一阶段的任务分析，完成实训计划的制订，填入表 1-1-1 中。

表 1-1-1 实训计划

序号	工作内容	所需时间
1		
2		
3		
4		

四、操作步骤提示

按照表 1-1-2 所列出的操作步骤和操作要点，完成孙悟空脸谱面具的绘制。

表 1-1-2 操作步骤提示

序号	操作步骤	操作要点	图示
1	新建文档	启动 Animate 程序，新建一个 HTML5 Canvas 文档，设置舞台大小为 550 像素 × 400 像素	—
2	复制元件	打开素材文件“孙悟空面具库 .fla”，从“库”面板中选择“面具”图形元件，复制到新文档的“库”面板中	—

续表

序号	操作步骤	操作要点	图示
3	制作“面具”图层	1. 将图层_1 重命名为“面具” 2. 将“库”面板中的“面具”图形元件拖动到舞台中央 3. 锁定“面具”图层	
4	制作“脸”图层	1. 新建图层_2，将其重命名为“脸” 2. 新建“脸”图形元件，在该图形元件中使用矩形工具绘制一个红色填充、黑色笔触的矩形 3. 将“脸”图形元件拖动到舞台中，并对齐到脸部中心的右侧 4. 复制“脸”图形元件，单击鼠标右键，在弹出的快捷菜单中执行“变形”→“水平翻转”命令，将图形元件对齐到脸部中心的左侧 5. 双击“脸”图形元件进入元件编辑模式，使用部分选取工具将矩形的形状调整为孙悟空的红脸 6. 使用椭圆工具绘制一个绿色填充、黑色笔触的椭圆，使用部分选取工具将该椭圆调整为眉毛形状 7. 使用钢笔工具绘制鼻孔和嘴巴 8. 退出编辑元件模式，调整两个“脸”图形元件的位置	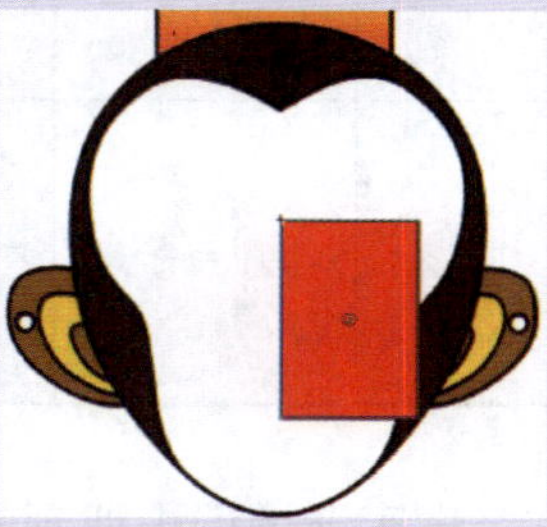 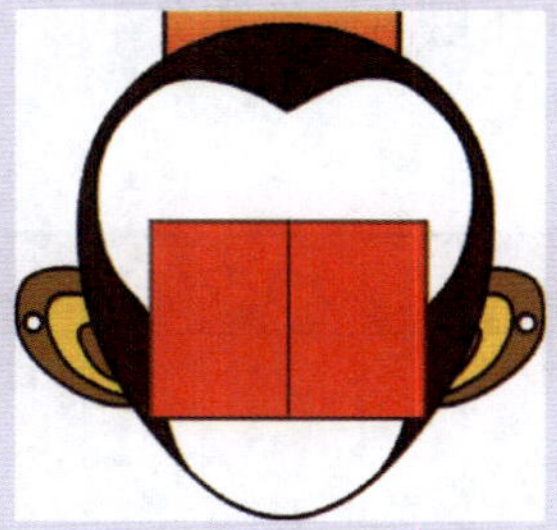  

续表

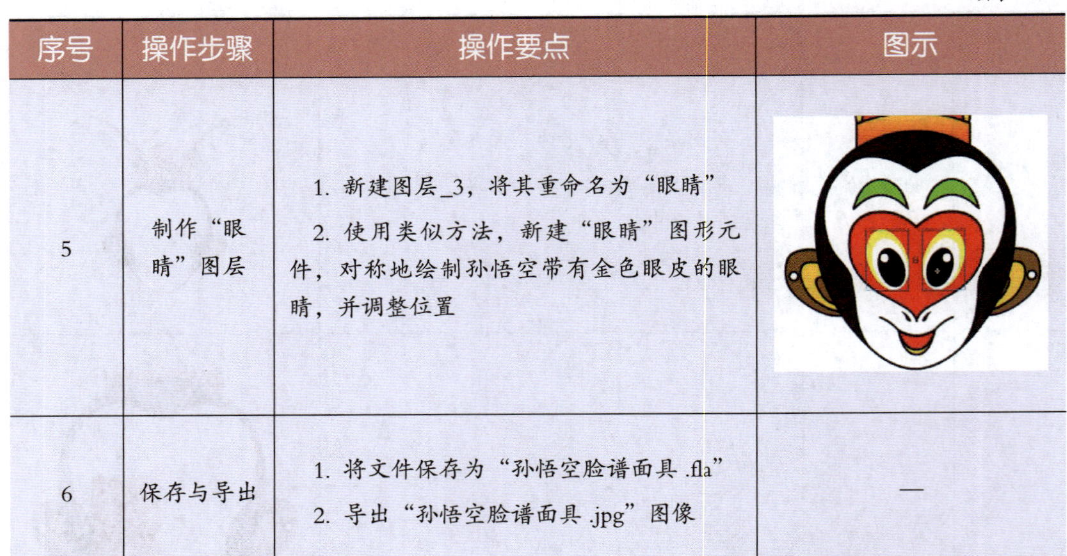

序号	操作步骤	操作要点	图示
5	制作“眼睛”图层	1. 新建图层_3，将其重命名为“眼睛” 2. 使用类似方法，新建“眼睛”图形元件，对称地绘制孙悟空带有金色眼皮的眼睛，并调整位置	
6	保存与导出	1. 将文件保存为“孙悟空脸谱面具 .fla” 2. 导出“孙悟空脸谱面具 .jpg”图像	—

将实训过程中遇到的疑点、难点及相应的解决方法和心得体会记录在表 1–1–3 中，并在组内讨论和分享。

表 1–1–3　经验和心得体会记录

序号	涉及的操作步骤	经验和心得体会

五、实训评价

实训任务完成后，以适当的形式在班级内展示学习成果，交流学习心得，并归纳、总结实训中的收获，纳入思维导图中。

可采用学生自评、学生互评与教师评价相结合的多元评价方式，按表 1–1–4 所列评价项目完成实训评价。

表 1-1-4　实训评价表

序号	评价项目	评价要求	分值 / 分	学生自评（占比30%）	学生互评（占比30%）	教师评价（占比40%）
1	自主复习	实训前能应用思维导图复习、总结学过的内容	5			
2	计划制订	对实训任务的分析准确、到位，有明确与可行的操作步骤	10			
3	任务实施及检查评估	操作熟练、得当，成果能满足任务要求，具体包括： 1. 能使用正确的方法新建 Animate 文档，并命名文档（10 分） 2. 能正确新建图层并重命名图层（10 分） 3. 能对称地绘制相应元件（20 分） 4. 能合理地进行颜色搭配（20 分） 5. 能正确保存和导出文件（10 分）	70			
4	成果展示及学习心得交流	展示与汇报成果时，能使用专业术语，口头表达准确，语言清晰流畅，发言声音洪亮，倾听汇报耐心，仪态大方	10			
5	自主总结	能对实训后的收获进行梳理、总结并纳入思维导图中	5			
6	6S 规范	每发现 1 次不符合规范的操作扣 2 分；若违反安全操作规范，实训成绩记为 0 分	—			
综合得分						

六、实训拓展

1. 参考图 1-1-3 所示的蝴蝶图片，使用 Adobe Animate 2023 软件绘制蝴蝶图形。

2. 参考图 1-1-4 所示的冰激凌图片，使用 Adobe Animate 2023 软件绘制冰激凌图形。

图 1-1-3　蝴蝶图片

图 1-1-4　冰激凌图片

七、知识巩固与提高

1. Animate 是 Adobe 公司推出的一款功能强大的动画设计与制作软件，其前身是（　　）软件，应用 Animate 软件可以设计与制作出丰富的交互式矢量动画和位图动画。

A. Photoshop　　B. Flash

C. Premiere　　D. Illustrator

2. Animate 2023 的工作界面主要由（　　）、工具箱、面板和舞台等部分组成。

A. 菜单栏　　B. 绘图工具

C. 图层　　D. 帧频

3. 使用 Animate 2023 的绘图工具所绘制的各种图形为（　　）。

A. 非矢量图　　B. 矢量图

C. 位图　　D. 彩色图像

4. 面板是 Animate 软件为方便用户创作提供的一种常见方式，使用（　　）菜单可以显示或隐藏指定的面板。

A. “编辑”　　B. “新建”

C. “控制”　　D. “窗口”

5. 在 Animate 2023 中，新建文件的组合快捷键为（　　）。

A. Ctrl+S　　B. Ctrl+O

C. Ctrl+N　　D. Ctrl+Alt+N

实训任务 2　绘制立秋场景

一、实训情境

某动画公司的设计师接受了一项动画制作任务：以二十四节气中的立秋为主题，设计一个室外的动画场景。该任务要求设计师在 45 min 内使用 Adobe Animate 2023 软件进行场景绘制，得到图 1–2–1 所示的最终效果。

图 1–2–1　立秋场景

二、实训分析

在本任务中，可利用部分选取工具、滴管工具、渐变变形工具和“颜色”面板等来完成图形的绘制。任务开始前，按照图 1–2–2 所示的思维导图复习教材中的知识点和技能点。

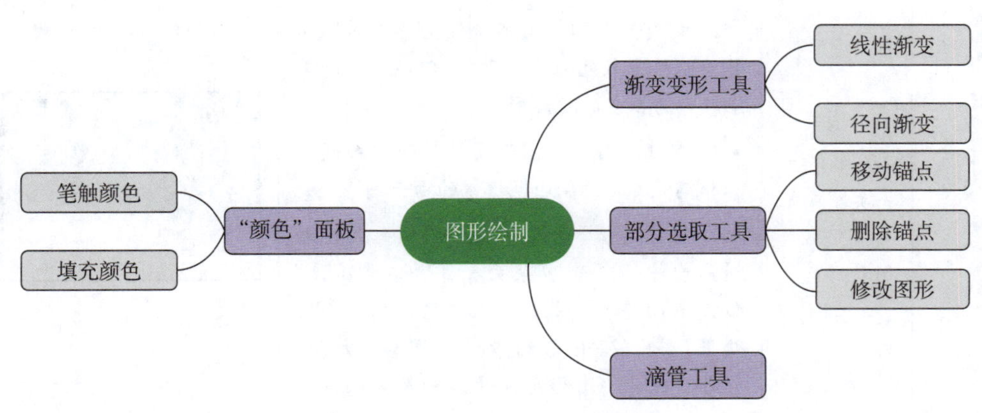

图 1–2–2　教材内容思维导图

三、实训计划制订

根据上一阶段的任务分析，完成实训计划的制订，填入表 1-2-1 中。

表 1-2-1　实训计划

序号	工作内容	所需时间
1		
2		
3		
4		

四、操作步骤提示

按照表 1-2-2 所列出的操作步骤和操作要点，完成立秋场景的绘制。

表 1-2-2　操作步骤提示

序号	操作步骤	操作要点	图示
1	新建文档	启动 Animate 程序，新建一个 HTML5 Canvas 文档，设置舞台大小为 550 像素 × 400 像素	—
2	制作“蓝天”图层	1. 将图层_1 重命名为“蓝天” 2. 使用矩形工具绘制一个填充颜色为从海蓝色（#2AC1D3）到天蓝色（#72DFF4）线性渐变、笔触颜色为无的矩形	
3	制作“太阳_白云”图层	1. 新建图层_2，将其重命名为“太阳_白云” 2. 新建“太阳”图形元件，使用椭圆工具绘制填充颜色为黄橙色（#FDAB38）、笔触颜色为白色的正圆形 3. 新建“白云”图形元件，使用椭圆工具和钢笔工具绘制白色填充的白云图形 4. 将“太阳”和“白云”图形元件拖动到舞台中，复制多朵白云，并在“属性”面板中调整各“白云”图形元件的“色彩效果”→“Alpha”的数值，调整“太阳”和各“白云”图形元件的方向及大小，并将它们摆放到合适位置	

续表

序号	操作步骤	操作要点	图示
4	制作“后山”和“前山”图层	1. 新建图层_3，将其重命名为“后山” 2. 使用钢笔工具绘制填充颜色为深蓝色（#0381B4）、笔触颜色为无的山图形 3. 新建图层_4，将其重命名为“前山” 4. 使用钢笔工具绘制填充颜色为石青色（#008BAB）、笔触颜色为无的山图形	 
5	制作“一排树”图层	1. 新建图层_5，将其重命名为“一排树” 2. 使用椭圆工具绘制填充颜色为绯红色（#B83102）、笔触颜色为无的多个大小不一和连续的椭圆形作为远方的一排树	
6	制作“地面”图层	1. 新建图层_6，将其重命名为“地面” 2. 使用钢笔工具绘制填充颜色为橘黄色（#F38C13）、笔触颜色为无的地面图形 3. 使用钢笔工具绘制多根折线，对地面图形进行分割 4. 为分割出的区域填充颜色：焦橙色（#D44C02）、朱红色（#EC6013）、天蓝色（#72DFF4）和海蓝色（#2AC1D3），可使用滴管工具对相同颜色区域进行填充 5. 删除折线	 
7	制作“树”图层	1. 新建图层_7，将其重命名为“树” 2. 新建“圆树”图形元件，使用椭圆工具绘制填充颜色为玛瑙色（#B6250A）的圆形树冠，使用钢笔工具绘制树干 3. 新建“尖树”图形元件，使用椭圆工具和部分选取工具绘制填充颜色为金黄色（#FFCC00）的尖顶树冠，使用线条工具绘制树干 4. 将“圆树”和“尖树”图形元件拖动到舞台中，并复制多棵树，在“属性”面板中调整各种树图形元件的“色彩效果”→“色调”的颜色，使画面中树的颜色多样化	

续表

序号	操作步骤	操作要点	图示
8	制作“银杏叶”图层	1. 新建图层_8，将其重命名为“银杏叶” 2. 新建“银杏叶”图形元件，使用钢笔工具和部分选取工具绘制银杏叶，设置填充颜色从锈褐色（#AF5B39）、藤黄色（#EBB110）到黄玉色（#F8C486）的线性渐变，设置笔触颜色为无 3. 将“银杏叶”图形元件拖动到舞台中，复制多片银杏叶，调整其方向和大小，并将其摆放到合适的位置	
9	制作“文字”图层	1. 新建图层_9，将其重命名为“文字” 2. 在画面右上角使用文本工具输入文字“满地翻黄银杏叶”，字体选择为“演示春风楷”，大小为 30 pt，填充颜色为明黄色（#FFFF00）	
10	保存与导出	1. 将文件保存为“立秋场景 .fla” 2. 导出“立秋场景 .jpg”图像	—

将实训过程中遇到的疑点、难点及相应的解决方法和心得体会记录在表 1-2-3 中，并在组内讨论和分享。

表 1-2-3　经验和心得体会记录

序号	涉及的操作步骤	经验和心得体会

五、实训评价

在实训任务完成后，以适当的形式在班级内展示学习成果，交流学习心得，并归纳、总结实训中的收获，纳入思维导图中。

可采用学生自评、学生互评与教师评价相结合的多元评价方式，按表 1-2-4 所列评价项目完成实训评价。

表 1-2-4 实训评价表

序号	评价项目	评价要求	分值 / 分	学生自评（占比 30%）	学生互评（占比 30%）	教师评价（占比 40%）
1	自主复习	实训前能应用思维导图复习、总结学过的内容	5			
2	计划制订	对实训任务的分析准确、到位，有明确与可行的操作步骤	10			
3	任务实施及检查评估	操作熟练、得当，成果能满足任务要求，具体包括： 1. 能使用正确的方法新建 Animate 文档，并命名文档（10 分） 2. 能正确绘制相应的图形（30 分） 3. 能合理摆放各图层图形（10 分） 4. 能正确输入并调整文字（10 分） 5. 能正确保存和导出文件（10 分）	70			
4	成果展示及学习心得交流	展示与汇报成果时，能使用专业术语，口头表达准确，语言清晰流畅，发言声音洪亮，倾听汇报耐心，仪态大方	10			
5	自主总结	能对实训后的收获进行梳理、总结并纳入思维导图中	5			
6	6S 规范	每发现 1 次不符合规范的操作扣 2 分；若违反安全操作规范实训成绩记为 0 分	—			
综合得分						

六、实训拓展

1. 参考图 1–2–3 所示春分时节场景图片，使用 Adobe Animate 2023 软件绘制春分场景。

2. 参考图 1–2–4 所示寒露时节场景图片，使用 Adobe Animate 2023 软件绘制寒露场景。

图 1–2–3　春分时节场景图片

图 1–2–4　寒露时节场景图片

七、知识巩固与提高

1. 若需要修改或编辑 Animate 文档，应将文档保存为（　　）格式。

A. FLA　　B. GIF　　C. AVI　　D. SWF

2. 在 Animate 中，保存文件的组合快捷键为（　　）。

A. Ctrl+Q　　B. Ctrl+W　　C. Ctrl+S　　D. Ctrl+Alt+S

3. "颜色"面板主要用于设置笔触颜色和填充颜色。在"颜色类型"选项的下拉列表中包括纯色、（　　）等选项。

A. 线性渐变　　B. 径向渐变

C. 位图填充　　D. 以上选项都对

4. 使用（　　）工具可以对选中的对象进行变形操作。

A. 选择　　B. 部分选取

C. 橡皮擦　　D. 任意变形

5. 使用铅笔工具绘制平滑的曲线时，应选择（　　）模式。

A. 伸直　　B. 平滑

C. 对象绘制　　D. 墨水

项目二
制作逐帧动画

实训任务 1　制作吃西瓜动画

一、实训情境

某动画公司的设计师接受了一项动画制作任务：完成吃西瓜动画的制作。该任务要求设计师在 30 min 内，使用 Adobe Animate 2023 软件进行逐帧动画制作，得到图 2-1-1 所示的最终效果。

图 2-1-1　吃西瓜动画效果

二、实训分析

在本任务中，可利用橡皮擦工具和帧的基本操作方法等来完成动画的制作。任务开始前，按照图 2-1-2 所示的思维导图复习教材中的知识点和技能点。

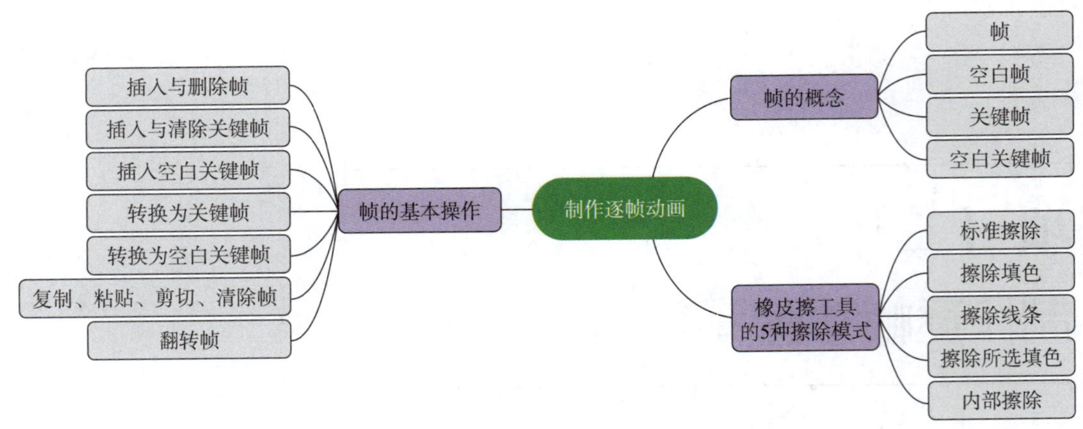

图 2-1-2 教材内容思维导图

三、实训计划制订

根据上一阶段的任务分析，完成实训计划的制订，填入表 2-1-1 中。

表 2-1-1 实训计划

序号	工作内容	所需时间
1		
2		
3		
4		

四、操作步骤提示

按照表 2-1-2 所列出的操作步骤和操作要点，完成吃西瓜动画的制作。

表 2-1-2 操作步骤提示

序号	操作步骤	操作要点	图示
1	新建文档	启动 Animate 程序，新建一个 HTML5 Canvas 文档，设置舞台大小为 550 像素 × 400 像素、帧频为 24	—
2	制作“背景”图层	1. 将图层_1 重命名为“背景”，执行“文件”→“导入”→“导入到舞台”命令，将素材库中的“吃西瓜背景.jpg”图片导入舞台中 2. 使用“对齐”面板，勾选“与舞台对齐”选项后，依次单击“匹配大小”选项组中	

续表

序号	操作步骤	操作要点	图示
2	制作“背景”图层	的“匹配宽和高”、“对齐”选项组中的“水平中齐”和“垂直中齐”，使图片与舞台适配 3. 选中“背景”图层的第 45 帧，按 F5 键插入帧，锁定“背景”图层	
3	复制元件	打开素材文件“吃西瓜库.fla”，从“库”面板中选择“瓜皮”和“瓜瓤”图形元件，复制到新文档的“库”面板中	—
4	制作“瓜皮”图层	1. 新建图层_2，将其重命名为“瓜皮” 2. 将“库”面板中的“瓜皮”图形元件拖动到舞台中，并将其放置在蓝色垫子上 3. 选中“瓜皮”图层的第 45 帧，按 F5 键插入帧，锁定“瓜皮”图层	
5	制作“瓜瓤”图层	1. 新建图层_3，将其重命名为“瓜瓤” 2. 将“库”面板中的“瓜瓤”图形元件拖动到舞台中，并将其放置在瓜皮上 3. 选中“瓜瓤”图形元件，执行“修改”→“分离”命令两次，或者按组合快捷键 Ctrl+B 两次，对“瓜瓤”图形元件进行分离 4. 选中第 3 帧，按 F6 键将其转换为关键帧，使用橡皮擦工具从瓜瓤顶端中心擦除一个半圆缺口 5. 选中第 5 帧，按 F6 键将其转换为关键帧，使用橡皮擦工具在上一个半圆缺口旁边再擦除一个半圆缺口 6. 使用类似方法，每间隔一帧，按 F6 键将其转换为关键帧，并使用橡皮擦工具持续擦除瓜瓤，直到第 45 帧结束 7. 单击“播放”按钮观看动画，锁定“瓜瓤”图层	   

续表

序号	操作步骤	操作要点	图示
6	保存与发布	1. 将文件保存为“吃西瓜 .fla” 2. 发布“吃西瓜 .html”	—

将实训过程中遇到的疑点、难点及相应的解决方法和心得体会记录在表 2–1–3 中，并在组内讨论和分享。

表 2–1–3　经验和心得体会记录

序号	涉及的操作步骤	经验和心得体会

五、实训评价

实训任务完成后，以适当的形式在班级内展示学习成果，交流学习心得，并归纳、总结实训中的收获，纳入思维导图中。

可采用学生自评、学生互评与教师评价相结合的多元评价方式，按表 2–1–4 所列评价项目完成实训评价。

表 2–1–4　实训评价表

序号	评价项目	评价要求	分值 / 分	学生自评（占比 30%）	学生互评（占比 30%）	教师评价（占比 40%）
1	自主复习	实训前能应用思维导图复习、总结学过的内容	5			
2	计划制订	对实训任务的分析准确、到位，有明确与可行的操作步骤	10			

续表

序号	评价项目	评价要求	分值 / 分	学生自评（占比30%）	学生互评（占比30%）	教师评价（占比40%）
3	任务实施及检查评估	操作熟练、得当，成果能满足任务要求，具体包括： 1. 能使用正确的方法新建 Animate 文档，并命名文档（10 分） 2. 能正确对齐背景图片（10 分） 3. 能从“库”面板中正确复制图形元件（10 分） 4. 能制作合理的逐帧动画（30 分） 5. 能正确保存和发布文件（10 分）	70			
4	成果展示及学习心得交流	展示与汇报成果时，能使用专业术语，口头表达准确，语言清晰流畅，发言声音洪亮，倾听汇报耐心，仪态大方	10			
5	自主总结	能对实训后的收获进行梳理、总结并纳入思维导图中	5			
6	6S 规范	每发现 1 次不符合规范的操作扣 2 分；若违反安全操作规范实训成绩记为 0 分	—			
综合得分						

六、实训拓展

1. 参考图 2-1-3 所示霓虹灯牌动画效果图片，使用 Adobe Animate 2023 软件制作霓虹灯牌逐帧动画。

图 2-1-3　霓虹灯牌动画效果

2. 参考图 2-1-4 所示雪地里的小画家动画效果图片，使用 Adobe Animate 2023 软件制作雪地上的动物小脚印逐帧动画。

图 2-1-4　雪地里的小画家动画效果

七、知识巩固与提高

1.（　　）面板用于设置各种绘制对象、工具及其他元素（如帧）的属性。

A. “编辑”　　B. “对齐”

C. “浮动”　　D. “属性”

2. 使用滴管工具可以吸取填充颜色、笔触颜色、位图图案和（　　）。

A. 文字颜色　　B. 纯色

C. RGB 颜色　　D. CMYK 颜色

3.（　　）菜单的主要功能是测试、播放动画。

A. “文本”　　B. “帮助”

C. “控制”　　D. “视图”

4. 默认情况下，Animate 文档的帧频为（　　）。

A. 10　　B. 12

C. 15　　D. 24

5. 帧频也称为帧速率，其英文简称为（　　），表示每秒钟播放的帧数。帧频越大，动画的播放速度就越快；如果帧频太小，会给人造成动画不流畅的感觉。

A. SPF　　B. PSF

C. FPS　　D. PFS

实训任务 2　制作折扇开合动画

一、实训情境

某动画公司的设计师接受了一项动画制作任务：完成折扇开合动画的制作。该任务要求设计师在 30 min 内，使用 Adobe Animate 2023 软件进行逐帧动画制作，得到图 2-2-1 所示的最终效果。

图 2-2-1　折扇开合动画效果

二、实训分析

在本任务中，可利用任意变形工具和“变形”面板等来完成动画的制作。任务开始前，按照图 2-2-2 所示的思维导图复习教材中的知识点和技能点。

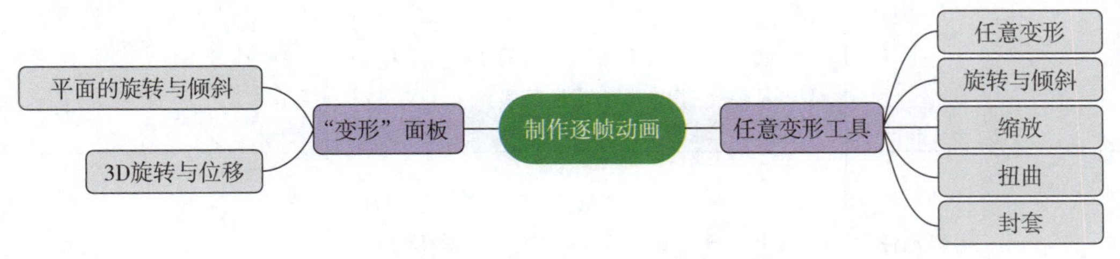

图 2-2-2　教材内容思维导图

三、实训计划制订

根据上一阶段的任务分析，完成实训计划的制订，填入表 2-2-1 中。

表 2-2-1 实训计划

序号	工作内容	所需时间
1		
2		
3		
4		

四、操作步骤提示

按照表 2-2-2 所列出的操作步骤和操作要点，完成开合折扇动画的制作。

表 2-2-2 操作步骤提示

序号	操作步骤	操作要点	图示
1	新建文档	启动 Animate 程序，新建一个 HTML5 Canvas 文档，设置舞台大小为 550 像素 × 400 像素、帧频为 24	—
2	制作“背景”图层	1. 将图层_1 重命名为“背景”，执行“文件”→“导入”→“导入到舞台”命令，将素材库中的“折扇背景.jpg”图片导入舞台中 2. 使用“对齐”面板，使图片与舞台适配 3. 选中“背景”图层的第 78 帧，按 F5 键插入帧，锁定“背景”图层	
3	复制元件	打开素材文件“折扇库.fla”，从“库”面板中选择“扇面”和“扇骨”图形元件，复制到新文档的“库”面板中	—
4	制作“扇骨里”图层	1. 新建图层_2，将其重命名为“扇骨里” 2. 将“库”面板中的“扇骨”图形元件拖动到舞台中央，使用任意变形工具，将中心点放置到绿宝石位置，旋转 -80° 3. 锁定“扇骨里”图层	

续表

序号	操作步骤	操作要点	图示
5	制作“扇面”图层	1. 新建图层_3，将其重命名为“扇面” 2. 将“库”面板中的“扇面”图形元件拖动到舞台中央，与“扇骨里”图层的“扇骨”图形元件居中对齐 3. 选中“扇面”元件，执行“修改”→“分离”命令，或者按组合快捷键 Ctrl+B，对“扇面”图形元件进行分离 4. 选中第 2 帧，按 F6 键将其转换为关键帧，删除右侧第一个扇页 5. 选中第 3 帧，按 F6 键将其转换为关键帧，再删除右侧一个扇页 6. 使用同样的方法，直到第 34 帧将所有扇页全部删除 7. 删除第 35～78 帧 8. 选中第 1～34 帧，单击鼠标右键，在弹出的快捷菜单中选择“翻转帧”	    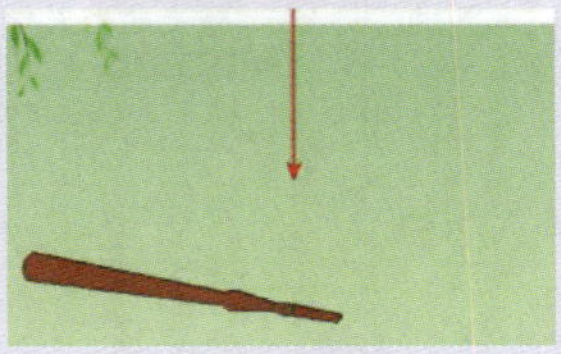
6	制作“扇骨外”图层	1. 新建图层_4，将其重命名为“扇骨外” 2. 将“库”面板中的“扇骨”图形元件拖动到舞台中央，使用任意变形工具，将中心点放置到绿宝石位置，旋转 −80°，与“扇骨里”图层的“扇骨”图形元件对齐 3. 按组合快捷键 Ctrl+G，组合“扇骨”图形元件，使“变形”面板的“旋转”参数归零	 

续表

序号	操作步骤	操作要点	图示
6	制作“扇骨外”图层	4. 选中第 2 帧，按 F6 键将其转换为关键帧，使用任意变形工具，将中心点放置到绿宝石位置，使用“变形”面板将“扇骨”图形元件旋转 5° 5. 选中第 3 帧，按 F6 键将其转换为关键帧，使用“变形”面板将“扇骨”图形元件旋转 10° 6. 使用类似方法，每增加 1 个关键帧，旋转角度增加 5°，直到第 34 帧 7. 删除第 35～78 帧	 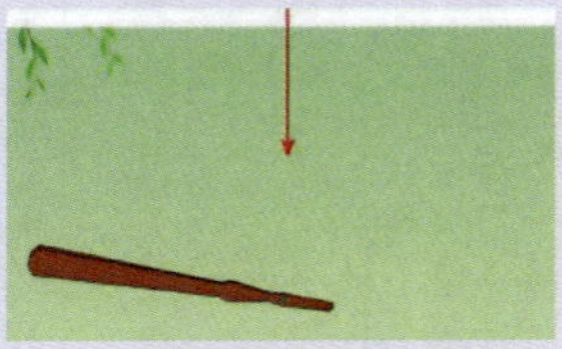
7	翻转折扇动画	1. 选中“扇面”图层和“扇骨外”图层的第 1～34 帧，单击鼠标右键，在弹出的快捷菜单中选择“复制帧” 2. 选中“扇面”图层和“扇骨外”图层的第 45 帧，单击鼠标右键，在弹出的快捷菜单中选择“粘贴帧” 3. 选中“扇面”图层和“扇骨外”图层的第 45～78 帧，单击鼠标右键，在弹出的快捷菜单中选择“翻转帧” 4. 单击“播放”按钮观看动画	—
8	保存与发布	1. 将文件保存为“折扇 .fla” 2. 发布“折扇 .html”	—

将实训过程中遇到的疑点、难点及相应的解决方法和心得体会记录在表 2-2-3 中，并在组内讨论和分享。

表 2-2-3　经验和心得体会记录

序号	涉及的操作步骤	经验和心得体会

五、实训评价

实训任务完成后，以适当的形式在班级内展示学习成果，交流学习心得，并归纳、总结实训中的收获，纳入思维导图中。

可采用学生自评、学生互评与教师评价相结合的多元评价方式，按表 2-2-4 所列评价项目完成实训评价。

表 2-2-4　实训评价表

序号	评价项目	评价要求	分值 / 分	学生自评（占比 30%）	学生互评（占比 30%）	教师评价（占比 40%）
1	自主复习	实训前能应用思维导图复习、总结学过的内容	5			
2	计划制订	对实训任务的分析准确、到位，有明确与可行的操作步骤	10			
3	任务实施及检查评估	操作熟练、得当，成果能满足任务要求，具体包括： 1. 能使用正确的方法新建 Animate 文档，并命名文档（10 分） 2. 能正确对齐背景图片（10 分） 3. 能从“库”面板中正确复制图形元件（10 分）	70			

续表

序号	评价项目	评价要求	分值 / 分	学生自评（占比30%）	学生互评（占比30%）	教师评价（占比40%）
3	任务实施及检查评估	4. 能制作合理的开合折扇动画（20 分） 5. 能正确翻转动画（10 分） 6. 能正确保存和发布文件（10 分）				
4	成果展示及学习心得交流	展示与汇报成果时，能使用专业术语，口头表达准确，语言清晰流畅，发言声音洪亮，倾听汇报耐心，仪态大方	10			
5	自主总结	能对实训后的收获进行梳理、总结并纳入思维导图中	5			
6	6S 规范	每发现 1 次不符合规范的操作扣 2 分；若违反安全操作规范实训成绩记为 0 分	—			
	综合得分					

六、实训拓展

1. 参考图 2-2-3 所示的燃放爆竹动画效果图片，使用 Adobe Animate 2023 软件制作燃放爆竹的逐帧动画。

图 2-2-3　燃放爆竹动画效果图片

2. 参考图 2-2-4 所示的加载圆圈动画效果图片，使用 Adobe Animate 2023 软件制作加载圆圈的逐帧动画。

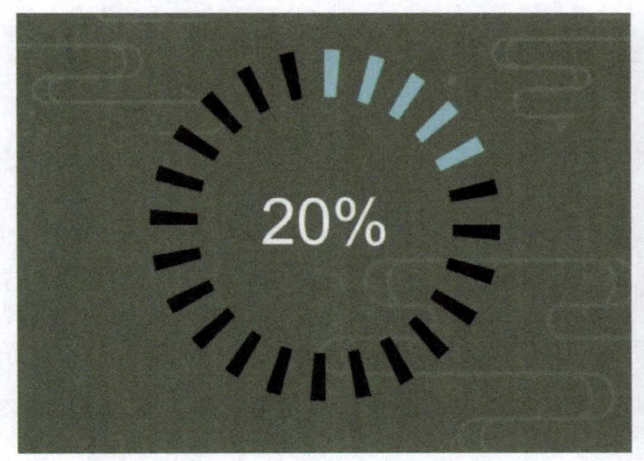

图 2-2-4　加载圆圈动画效果图片

七、知识巩固与提高

1. 在 Animate 软件中，显示标尺的方法为执行（　　）命令。

A. “视图”→“标尺”　　B. “插入”→“标尺”

C. “窗口”→“标尺”　　D. “编辑”→“标尺”

2. 按下（　　）键可以快速地将指定位置转换为空白关键帧。

A. F5　　B. F2

C. F7　　D. F9

3. 没有任何内容的关键帧为（　　）。

A. 帧　　B. 关键帧

C. 动画帧　　D. 空白关键帧

4. 在 Animate 中，如果一些对象要在动画中反复使用，可将它们转换为元件放在“库”面板中。元件的种类主要有图形、影片剪辑和（　　）。

A. 对象　　B. 位图

C. 矢量图　　D. 按钮

5. 在下列图片格式中，（　　）格式可以实现动画效果。

A. GIF　　B. PSD

C. BMP　　D. JPG

项目三
制作补间动画

实训任务 1　制作老虎摆尾巴动画

一、实训情境

某动画公司的设计师接受了一项动画制作任务：为老虎图形添加上下摇摆的尾巴。该任务要求设计师在 25 min 内使用 Adobe Animate 2023 软件进行补间形状动画制作，得到图 3-1-1 所示的最终效果。

图 3-1-1　老虎摆尾巴动画效果

二、实训分析

在本任务中，可利用画笔样式、绘图纸外观和为补间形状动画添加形状提示的方法来完成动画的制作。任务开始前，按照图 3-1-2 所示的思维导图复习教材中的知识点和技能点。

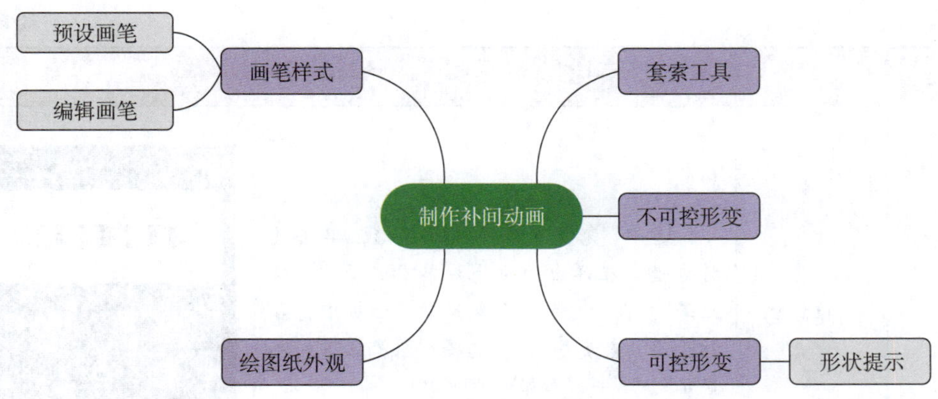

图 3-1-2　教材内容思维导图

三、实训计划制订

根据上一阶段的任务分析，完成实训计划的制订，填入表 3–1–1 中。

表 3–1–1　实训计划

序号	工作内容	所需时间
1		
2		
3		
4		

四、操作步骤提示

按照表 3–1–2 所列出的操作步骤和操作要点，完成老虎摆尾巴动画的制作。

表 3–1–2　操作步骤提示

序号	操作步骤	操作要点	图示
1	新建文档	启动 Animate 程序，新建一个 ActionScript 3.0 文档，设置舞台大小为 550 像素 ×400 像素、帧频为 24	—
2	复制图形	打开素材文件“老虎摆尾巴库 .fla”，选中“时间轴”面板中的“老虎”和“老虎尾巴样式”图层，按组合快捷键 Ctrl+C 进行复制，选中新文档的图层_1，按组合快捷键 Ctrl+V 将它们粘贴到舞台中	

续表

序号	操作步骤	操作要点	图示
3	创建画笔样式	1. 选中"老虎尾巴样式"图形，单击鼠标右键，在弹出的快捷菜单中选择"创建画笔"，在弹出的"画笔选项"面板中将名称改为"老虎尾巴"，选择"图像从下到上显示"，单击"添加"按钮 2. 删除"老虎尾巴样式"图形	
4	制作"老虎"图层	将图层_1 重命名为"老虎"，选中第 25 帧，按 F5 键插入帧，锁定"老虎"图层	—
5	制作"尾巴"图层	1. 新建图层_2，将其重命名为"尾巴"，将"尾巴"图层拖动到"老虎"图层下方 2. 使用画笔工具，从上到下绘制一段波浪线 3. 选中第 25 帧，按 F6 键将其转换为关键帧 4. 选中第 1 帧，单击鼠标右键，在弹出的快捷菜单中选择"创建补间形状" 5. 执行"修改"→"形状"→"添加形状提示"命令三次，在波浪线上添加 a、b、c 三个形状的红色"提示圆圈" 6. 执行"视图"→"贴紧"→"贴紧至对象"命令，分别将 a"提示圆圈"放置到波浪线下端，将 b"提示圆圈"放置到波浪线上端，将 c"提示圆圈"放置到靠近 a"提示圆圈"的位置 7. 选中第 25 帧，分别将 a、b 两个"提示圆圈"放置到对应第 1 帧的位置上，将 c"提示圆圈"放置到靠近 b"提示圆圈"的位置，三个"提示圆圈"的颜色会变为绿色	

续表

序号	操作步骤	操作要点	图示
5	制作“尾巴”图层	8. 选中第 1 帧，单击鼠标右键，在弹出的快捷菜单中选择“转换为逐帧动画”→“每帧设为关键帧”选项 9. 单击“时间轴”面板中的“编辑多个帧（所有帧）”按钮，选择“所有帧”，使用套索工具选中上端一半左右的波浪线并将其删除 10. 框选所有波浪线，在“属性”面板的“对象”选项卡中更改笔触样式为“老虎尾巴” 11. 调整老虎尾巴的位置和大小 12. 单击“播放”按钮观看动画	
6	保存与发布	1. 将文件保存为“老虎摆尾巴 .fla” 2. 发布“老虎摆尾巴 .html”	—

将实训过程中遇到的疑点、难点及相应的解决方法和心得体会记录在表 3–1–3 中，并在组内讨论和分享。

表 3–1–3　经验和心得体会记录

序号	涉及的操作步骤	经验和心得体会

五、实训评价

实训任务完成后，以适当的形式在班级内展示学习成果，交流学习心得，并归纳、总结实训中的收获，纳入思维导图中。

可采用学生自评、学生互评与教师评价相结合的多元评价方式，按表 3-1-4 所列评价项目完成实训评价。

表 3-1-4 实训评价表

序号	评价项目	评价要求	分值 / 分	学生自评（占比 30%）	学生互评（占比 30%）	教师评价（占比 40%）
1	自主复习	实训前能应用思维导图复习、总结学过的内容	5			
2	计划制订	对实训任务的分析准确、到位，有明确与可行的操作步骤	10			
3	任务实施及检查评估	操作熟练、得当，成果能满足任务要求，具体包括： 1. 能使用正确的方法新建 Animate 文档，并命名文档（10 分） 2. 能正确地在文档之间复制图形（10 分） 3. 能合理创建画笔样式并应用（10 分） 4. 能正确创建并调整补间形状动画效果（20 分） 5. 能对补间动画的所有帧进行调整（10 分） 6. 能正确保存和发布文件（10 分）	70			
4	成果展示及学习心得交流	展示与汇报成果时，能使用专业术语，口头表达准确，语言清晰流畅，发言声音洪亮，倾听汇报耐心，仪态大方	10			
5	自主总结	能对实训后的收获进行梳理、总结并纳入思维导图中	5			
6	6S 规范	每发现 1 次不符合规范的操作扣 2 分；若违反安全操作规范实训成绩记为 0 分	—			
		综合得分				

六、实训拓展

1. 参考图 3-1-3 所示狐狸摇尾巴动画效果图片，使用 Adobe Animate 2023 软件制作狐狸摇尾巴动画。

图 3-1-3　狐狸摇尾巴动画效果图片

2. 参考图 3-1-4 所示红绸随风飘舞动画效果图片，使用 Adobe Animate 2023 软件制作红绸随风飘舞动画。

图 3-1-4　红绸随风飘舞动画效果图片

七、知识巩固与提高

1. “时间轴”面板用于创建动画和控制动画的播放进程，其左侧为图层区，右侧为(　　)区。

A. 绘图　　B. 帧控制　　C. 帧叠放　　D. 场景控制

2. 在“时间轴”面板的图层编辑区中，既可以新建图层，也可以新建(　　)。

A. 文件夹　　B. 视窗　　C. 舞台　　D. 窗口

3. 当需要显示多个帧并对帧中的对象进行修改时，可以单击(　　)按钮。

A. “绘图纸外观”　　B. “绘图纸外观轮廓”

C. “修改标记”　　D. “编辑多个帧”

4. 补间动画的制作过程简单，只需制作（　　）个动画关键帧，中间部分由计算机自动运算而得到，能最大限度地减小生成文件的大小。

A. 一　　B. 三　　C. 两　　D. 四

5. 要对元件进行编辑和修改，可以在（　　）编辑。

A. 元件编辑模式下　　B. 当前位置

C. 新窗口中　　D. 新文档中

实训任务 2　制作向日葵生长场景动画

一、实训情境

某动画公司的设计师接受了一项动画制作任务：完成向日葵生长场景动画的制作。该任务要求设计师在 30 min 内使用 Adobe Animate 2023 软件进行传统补间动画制作，得到图 3–2–1 所示的最终效果。

图 3–2–1　向日葵生长场景动画效果

二、实训分析

在本任务中，可利用“对齐”面板和编辑元件的方法来完成动画的制作。任务开始前，按照图 3–2–2 所示的思维导图复习教材中的知识点和技能点。

图 3-2-2　教材内容思维导图

三、实训计划制订

根据上一阶段的任务分析，完成实训计划的制订，填入表 3-2-1 中。

表 3-2-1　实训计划

序号	工作内容	所需时间
1		
2		
3		
4		

四、操作步骤提示

按照表 3-2-2 所列出的操作步骤和操作要点，完成向日葵生长动画的制作。

表 3-2-2　操作步骤提示

序号	操作步骤	操作要点	图示
1	新建文档	启动 Animate 程序，新建一个 HTML5 Canvas 文档，设置舞台大小为 550 像素 × 400 像素、帧频为 24	—
2	设置舞台背景颜色	在“属性”面板中设置舞台背景颜色为浅绿色（#B8EBBF）	
3	复制文件夹	打开素材文件“向日葵生长库.fla”，从“库”面板中选择“向日葵生长素材”文件夹，将其复制到新文档的“库”面板中	—

续表

序号	操作步骤	操作要点	图示
4	制作“白云”图层	1. 将图层_1 重命名为“白云” 2. 将“库”面板中的“白云飘动画”影片剪辑元件拖动到舞台中，复制多个，并将其放置在舞台的上半部分 3. 选中“白云”图层的第 80 帧，按 F5 键插入帧	
5	制作“大山”图层	1. 新建图层_2，将其重命名为“大山” 2. 将“库”面板中的“大山”图形元件拖动到舞台中央	
6	制作“风车”图层	1. 新建图层_3，将其重命名为“风车” 2. 将“库”面板中的“风车上升动画”图形元件拖动到舞台中，放置在“大山”图形元件的下方 3. 复制一个“风车上升动画”图形元件，缩小后将其放在第一个风车的左侧	
7	制作“小山”图层	1. 新建图层_4，将其重命名为“小山” 2. 将“库”面板中的“小山”图形元件拖动到舞台中央，放置位置比“大山”图形元件稍微低一点	

续表

序号	操作步骤	操作要点	图示
8	制作“向日葵上升动画”图形元件	1. 执行“插入”→“新建元件”命令，新建“向日葵上升动画”图形元件，进入元件编辑区 2. 将图层_1重命名为“上升”，选中第1帧，将“库”面板中的“向日葵”图形元件拖动到编辑区 3. 使用任意变形工具，将中心点放置到向日葵底端位置后，向右旋转元件，使“向日葵”图形元件头朝下 4. 选中第30帧，按F6键将其转换为关键帧，使用任意变形工具，将“向日葵”图形元件旋转至头朝上 5. 分别选中第35帧、第40帧、第45帧、第50帧，按F6键将其转换为关键帧 6. 选中第35帧，将“向日葵”图形元件向左轻微旋转 7. 选中第45帧，将“向日葵”图形元件向右轻微旋转 8. 分别选中第1帧、第30帧、第35帧、第40帧、第45帧，单击鼠标右键，在弹出的快捷菜单中选择“创建传统补间” 9. 选中第80帧，按F5键插入帧	第1帧 第30帧 第35帧 第40帧 第45帧 第50帧

续表

序号	操作步骤	操作要点	图示
9	制作“向日葵”图层	1. 返回场景 1，新建图层_5，将其重命名为“向日葵” 2. 选中第 1 帧，将“库”面板中的“向日葵上升动画”图形元件拖动到舞台中，复制多个后，调整大小和位置，将其摆放到“小山”图形元件的下方	
10	制作“遮挡”图层	1. 新建图层_6，将其重命名为“遮挡” 2. 将“库”面板中的“遮挡”图形元件拖动到舞台中，调整大小，使其遮挡住“小山”图形元件到舞台底端的区域 3. 单击“播放”按钮观看动画	
11	保存与发布	1. 将文件保存为“向日葵生长 .fla” 2. 发布“向日葵生长 .html”	—

将实训过程中遇到的疑点、难点及相应的解决方法和心得体会记录在表 3-2-3 中，并在组内讨论和分享。

表 3-2-3　经验和心得体会记录

序号	涉及的操作步骤	经验和心得体会

五、实训评价

实训任务完成后，以适当的形式在班级内展示学习成果，交流学习心得，并归纳、总结实训中的收获，纳入思维导图中。

可采用学生自评、学生互评与教师评价相结合的多元评价方式，按表 3-2-4 所列评价项目完成实训评价。

表 3-2-4　实训评价表

序号	评价项目	评价要求	分值 / 分	学生自评（占比 30%）	学生互评（占比 30%）	教师评价（占比 40%）
1	自主复习	实训前能应用思维导图复习、总结学过的内容	5			
2	计划制订	对实训任务的分析准确、到位，有明确与可行的操作步骤	10			
3	任务实施及检查评估	操作熟练、得当，成果能满足任务要求，具体包括： 1. 能使用正确的方法新建 Animate 文档，并命名文档（10 分） 2. 能从“库”面板中正确复制文件夹（10 分） 3. 能合理摆放各图层图形（20 分） 4. 能正确创建并调整传统补间动画效果（20 分） 5. 能正确保存和发布文件（10 分）	70			
4	成果展示及学习心得交流	展示与汇报成果时，能使用专业术语，口头表达准确，语言清晰流畅，发言声音洪亮，倾听汇报耐心，仪态大方	10			
5	自主总结	能对实训后的收获进行梳理、总结并纳入思维导图中	5			
6	6S 规范	每发现 1 次不符合规范的操作扣 2 分；若违反安全操作规范实训成绩记为 0 分	—			
综合得分						

六、实训拓展

1. 参考图 3-2-3 所示风车转动动画效果图片，使用 Adobe Animate 2023 软件制作风车转动动画。

图 3-2-3　风车转动动画效果图片

2. 参考图 3-2-4 所示金币被抛起、旋转又落下的动画效果图片，使用 Adobe Animate 2023 软件制作金币弹跳动画。

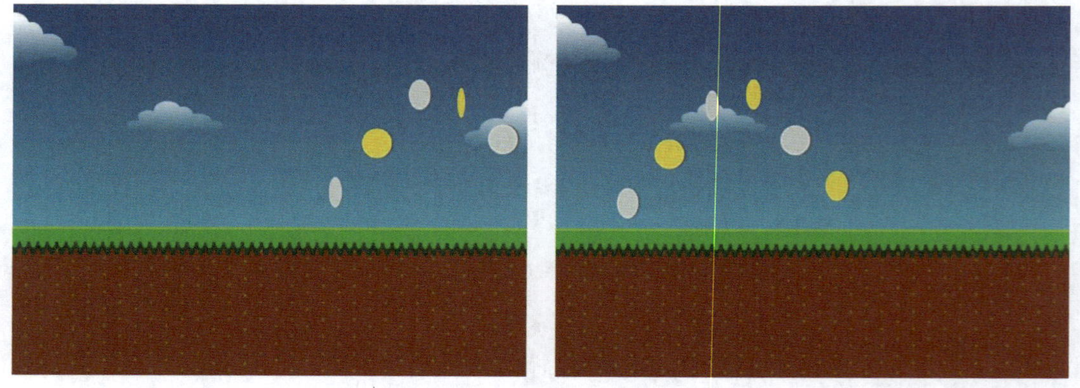

图 3-2-4　金币弹跳动画效果图片

七、知识巩固与提高

1. 形状补间动画的元素必须是形状，如果是元件、文字、位图或者群组对象，可通过执行"修改"→"分离"命令，或者按组合快捷键（　　）将其打散，转换为形状后，再创建补间形状动画。

A. Ctrl+B　　　　B. Ctrl+D

C. Ctrl+Shift+B　　　　D. Ctrl+A

2. Animate 软件中最多可以添加（　　）个形状提示。

A. 10　　B. 26　　C. 36　　D. 46

3. 构成补间动画的元素可以是影片剪辑元件、图形元件、按钮、文字、位图和组合等，但不能是（　　）。

A. 视频　　B. 声音

C. 形状　　D. 图片

4. 选中多个图形，执行“修改”→“组合”命令，或按组合快捷键（　　），可将选中的图形组合在一起。

A. Ctrl+O　　B. Ctrl+G

C. Ctrl+Shift+N　　D. Ctrl+P

5. 在“时间轴”面板中单击“显示父级视图”按钮，将图层 1“轮廓”按钮拖动到图层 2“轮廓”按钮上，两个图层之间就会建立（　　）链接，图层 1 将成为图层 2 的子图层。

A. 前后　　B. 同级

C. 亲子　　D. 父子

项目四
制作引导层动画

实训任务 1　制作蝴蝶纷飞动画

一、实训情境

某动画公司的设计师接受了一项动画制作任务：完成蝴蝶在花丛间翩翩飞舞的动画制作。该任务要求设计师在 20 min 内使用 Adobe Animate 2023 软件进行引导层动画制作，得到图 4-1-1 所示的最终效果。

图 4-1-1　蝴蝶纷飞动画效果

二、实训分析

在本任务中，可利用铅笔工具和调整对象色彩效果的方法等来完成动画的制作。任务开始前，按照图 4-1-2 所示的思维导图复习教材中的知识点和技能点。

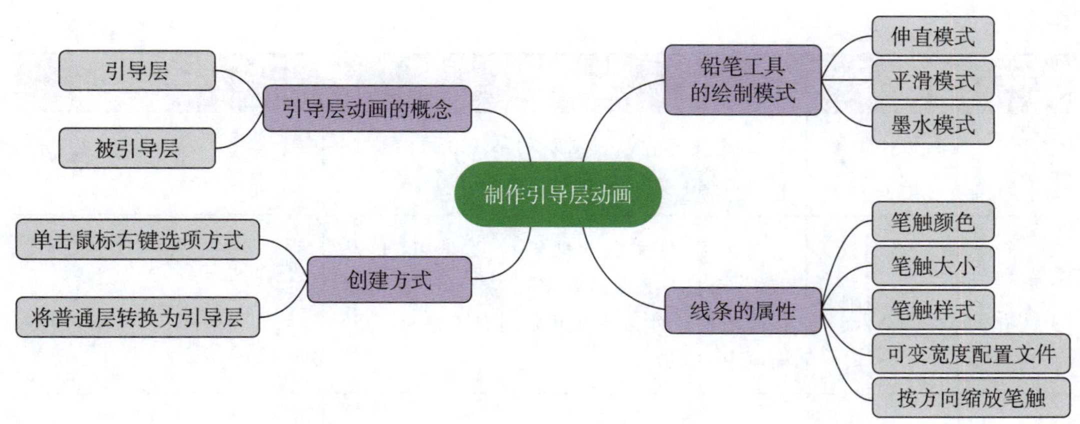

图 4-1-2　教材内容思维导图

三、实训计划制订

根据上一阶段的任务分析，完成实训计划的制订，填入表 4-1-1 中。

表 4-1-1　实训计划

序号	工作内容	所需时间
1		
2		
3		
4		

四、操作步骤提示

按照表 4-1-2 所列出的操作步骤和操作要点，完成蝴蝶纷飞动画的制作。

表 4-1-2　操作步骤提示

序号	操作步骤	操作要点	图示
1	新建文档	启动 Animate 程序，新建一个 HTML5 Canvas 文档，设置舞台大小为 550 像素 × 400 像素、帧频为 24	—
2	制作“背景”图层	1. 将图层_1 重命名为“背景”，执行“文件”→“导入”→“导入到舞台”命令，将素材库中的“蝴蝶纷飞背景.jpg”图片导入舞台中 2. 使用“对齐”面板，使图片与舞台适配	

续表

序号	操作步骤	操作要点	图示
2	制作“背景”图层	3. 选中“背景”图层的第150帧，按F5键插入帧，锁定“背景”图层	
3	复制元件	打开素材文件“蝴蝶纷飞库.fla”，从“库”面板中选择“蝴蝶翅膀”和“蝴蝶身体”图形元件，将其复制到新文档的“库”面板中	—
4	制作“蝴蝶振翅”影片剪辑元件	1. 执行“插入”→“新建元件”命令，创建“蝴蝶振翅”影片剪辑元件 2. 在元件编辑区，将图层_1重命名为“身体”，将“库”面板中的“蝴蝶身体”图形元件拖动到舞台中心 3. 选中“身体”图层的第9帧，按F5键插入帧，锁定“身体”图层 4. 新建图层_2，将其重命名为“左翅膀”，将“库”面板中的“蝴蝶翅膀”图形元件拖动到身体的左侧 5. 分别选中“左翅膀”图层的第5帧和第9帧，按F6键将其转换为关键帧 6. 选中“左翅膀”图层的第5帧，使用任意变形工具，将“左翅膀”图形元件进行压缩和倾斜 7. 分别选中“左翅膀”图层的第1帧和第5帧，单击鼠标右键，在弹出的快捷菜单中选择“创建传统补间” 8. 新建图层_3，将其重命名为“右翅膀”，将“库”面板中的“蝴蝶翅膀”图形元件拖动到舞台中，单击鼠标右键，在弹出的快捷菜单中选择“变形”→“水平翻转”命令，将翻转后的“蝴蝶翅膀”图形元件拖动到身体的右侧	   

续表

序号	操作步骤	操作要点	图示
4	制作“蝴蝶振翅”影片剪辑元件	9. 依照“左翅膀”图层动画制作方法，在相应的帧上制作“右翅膀”图层动画 10. 退出编辑元件区	
5	制作引导层动画	1. 新建图层_2，将其重命名为“蝴蝶1”，将“库”面板中的“蝴蝶振翅”影片剪辑元件拖动到舞台中 2. 选中“蝴蝶1”图层，单击鼠标右键，在弹出的快捷菜单中选择“添加传统运动引导层”命令，创建“引导层_蝴蝶1”图层 3. 选中“引导层_蝴蝶1”图层的第1帧，使用铅笔工具绘制一条曲线 4. 选中“蝴蝶1”图层的第150帧，按F6键将其转换为关键帧，分别将第1帧和第150帧的“蝴蝶振翅”影片剪辑元件贴紧对齐到曲线的左右两端 5. 选中“蝴蝶1”图层的第1帧，单击鼠标右键，在弹出的快捷菜单中选择“创建传统补间”，勾选“属性”面板中的“帧”选项卡下的“调整到路径”选项 6. 新建图层_3，将其重命名为“蝴蝶2”，将“库”面板中的“蝴蝶振翅”影片剪辑元件拖动到舞台中，在“属性”面板中“对象”选项卡下添加“色调”色彩效果，改变蝴蝶颜色 7. 将“蝴蝶2”图层拖动到“引导层_蝴蝶1”图层的下方 8. 选中“引导层_蝴蝶1”图层的第1帧，再使用铅笔工具绘制一条曲线 9. 选中“蝴蝶2”图层的第150帧，按F6键将其转换为关键帧，分别将第1帧和第150帧的“蝴蝶振翅”影片剪辑元件贴紧并对齐到第2条曲线的左右两端	

续表

序号	操作步骤	操作要点	图示
5	制作引导层动画	10. 选中“蝴蝶 2”图层的第 1 帧，单击鼠标右键，在弹出的快捷菜单中选择“创建传统补间”，勾选“属性”面板中的“帧”选项卡下的“调整到路径”选项 11. 单击“播放”按钮观看动画	
6	保存与发布	1. 将文件保存为“蝴蝶纷飞 .fla” 2. 发布“蝴蝶纷飞 .html”	—

将实训过程中遇到的疑点、难点及相应的解决方法和心得体会记录在表 4-1-3 中，并在组内讨论和分享。

表 4-1-3　经验和心得体会记录

序号	涉及的操作步骤	经验和心得体会

五、实训评价

实训任务完成后，以适当的形式在班级内展示学习成果，交流学习心得，并归纳、总结实训中的收获，纳入思维导图中。

可采用学生自评、学生互评与教师评价相结合的多元评价方式，按表 4-1-4 所列评价项目完成实训评价。

表 4-1-4　实训评价表

序号	评价项目	评价要求	分值 / 分	学生自评（占比30%）	学生互评（占比30%）	教师评价（占比40%）
1	自主复习	实训前能应用思维导图复习、总结学过的内容	5			
2	计划制订	对实训任务的分析准确、到位，有明确与可行的操作步骤	10			
3	任务实施及检查评估	操作熟练、得当，成果能满足任务要求，具体包括： 1. 能使用正确的方法新建 Animate 文档，并命名文档（10 分） 2. 能正确对齐背景图片（10 分） 3. 能从“库”面板中正确复制图形元件（10 分） 4. 能制作影片剪辑元件动画（10 分） 5. 能制作合理的引导层动画效果（20 分） 6. 能正确保存和发布文件（10 分）	70			
4	成果展示及学习心得交流	展示与汇报成果时，能使用专业术语，口头表达准确，语言清晰流畅，发言声音洪亮，倾听汇报耐心，仪态大方	10			
5	自主总结	能对实训后的收获进行梳理、总结并纳入思维导图中	5			
6	6S 规范	每发现 1 次不符合规范的操作扣 2 分；若违反安全操作规范实训成绩记为 0 分	—			
	综合得分					

六、实训拓展

1. 参考图 4-1-3 所示的桂花在静谧的夜晚被风轻轻吹落的动画效果图片，使用 Adobe Animate 2023 软件制作桂花被风吹落动画。

图 4-1-3　桂花被风吹落动画效果图片

2. 参考图 4-1-4 所示小图标在迷宫中自由穿梭的动画效果图片，使用 Adobe Animate 2023 软件制作迷宫动画。

图 4-1-4　迷宫动画效果图片

七、知识巩固与提高

1. 引导层动画也叫运动引导层动画，它由引导层和（　　）层组成。

A. 被引导　　B. 运动　　C. 子图　　D. 遮罩

2. 引导层位于被引导层的上方，引导层中的引导线是一个（　　）的路径，可用钢笔工具、铅笔工具和线条工具绘制。

A. 开放　　B. 弯曲　　C. 闭合　　D. 平滑

3. 使用（　　）工具可以修改笔触大小，还可以将调整后的笔触保存为样式，以便应用于其他图形。

A. 钢笔　　B. 宽度　　C. 画笔　　D. 渐变变形

4. Animate 滤镜有投影、模糊、发光、调整颜色四种。其中，（　　）滤镜可以模拟对象在阳光照射下产生的阴影。

A. 投影　　B. 模糊　　C. 发光　　D. 调整颜色

5. 为图形添加“调整颜色”滤镜后，用户可以设置（　　）。

A. 对比度　　B. 饱和度和色相　　C. 亮度　　D. 以上选项都对

实训任务 2　制作太阳系运行动画

一、实训情境

某动画公司的设计师接受了一项动画制作任务：完成太阳系运行的科普动画制作。该任务要求设计师在 40 min 内使用 Adobe Animate 2023 软件进行引导层动画制作，得到图 4-2-1 所示的最终效果。

图 4-2-1　太阳系运行动画效果

二、实训分析

在本任务中，可利用对象的贴紧、分离和组合方式等来完成动画的制作。任务开始前，按照图 4-2-2 所示的思维导图复习教材中的知识点和技能点。

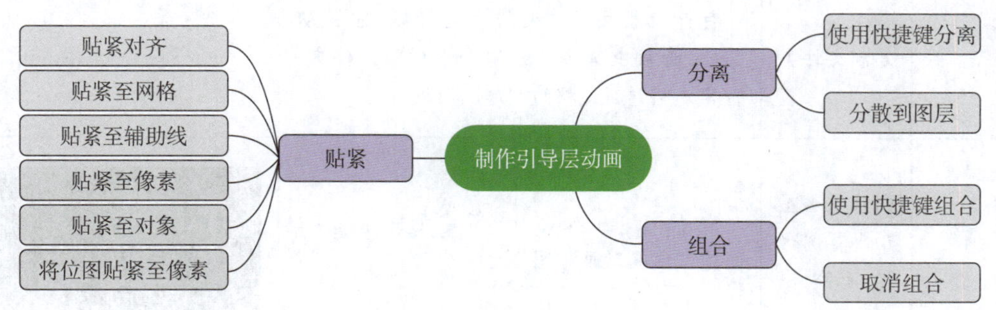

图 4-2-2　教材内容思维导图

三、实训计划制订

根据上一阶段的任务分析，完成实训计划的制订，填入表 4-2-1 中。

表 4-2-1　实训计划

序号	工作内容	所需时间
1		
2		
3		
4		

四、操作步骤提示

按照表 4-2-2 所列出的操作步骤和操作要点，完成太阳系运行动画的制作。

表 4-2-2　操作步骤提示

序号	操作步骤	操作要点	图示
1	新建文档	启动 Animate 程序，新建一个 HTML5 Canvas 文档，设置舞台大小为 700 像素 × 400 像素、帧频为 24	—
2	制作“背景”图层	1. 将图层_1 重命名为“背景”，执行“文件”→“导入”→“导入到舞台”命令，将素材库中的“太阳系运行背景.jpg”图片导入舞台中 2. 使用“对齐”面板，使图片与舞台适配 3. 选中“背景”图层的第 180 帧，按 F5 键插入帧，锁定“背景”图层	
3	复制文件夹	打开素材文件“太阳系运行库.fla”，从“库”面板中选择“太阳系素材”文件夹，将其复制到新文档的“库”面板中	—
4	制作“水星动画”图形元件	1. 执行“插入”→“新建元件”命令，新建“水星动画”图形元件	

续表

序号	操作步骤	操作要点	图示
4	制作“水星动画”图形元件	2. 选中图层_1 的第 1 帧，将“库”面板中的“轨道”图形元件拖动到编辑区，执行“修改”→“分离”命令，对“轨道”图形元件进行分离，删除外侧 7 个白色曲线，选中第 25 帧，按 F5 键插入帧 3. 选中图层_1，单击鼠标右键，在弹出的快捷菜单中选择“复制图层”，生成“图层_1_复制”图层 4. 选中“图层_1_复制”图层的第 1 帧，执行“修改”→“分离”命令，对白色曲线图形进行分离后，将其更改为蓝色曲线 5. 新建图层_2，选中第 1 帧，将“库”面板中的“水星”图形元件拖动到编辑区，贴紧对齐到蓝色曲线顶端的缺口左侧 6. 选中图层_2 的第 25 帧，按 F6 键将其转换为关键帧，将“水星”图形元件贴紧对齐到蓝色曲线顶端的缺口右侧 7. 选中图层_2 的第 1 帧，单击鼠标右键，在弹出的快捷菜单中选择“创建传统补间”，在“属性”面板中的“帧”选项下设置旋转为“逆时针”、旋转次数为“2” 8. 选中“图层_1_复制”图层，单击鼠标右键，在弹出的快捷菜单中选择“引导层”，将图层_2 拖动到其下方成为被引导层	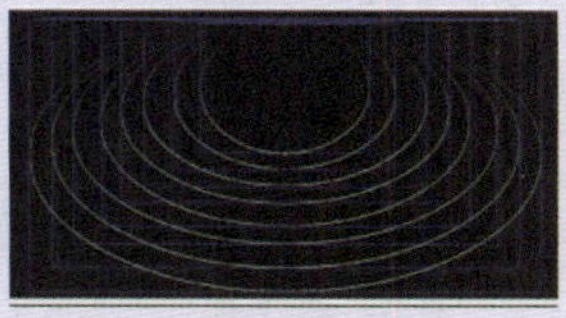 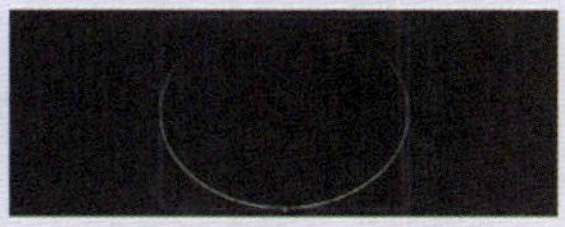 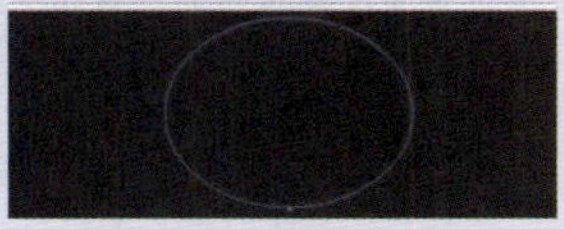 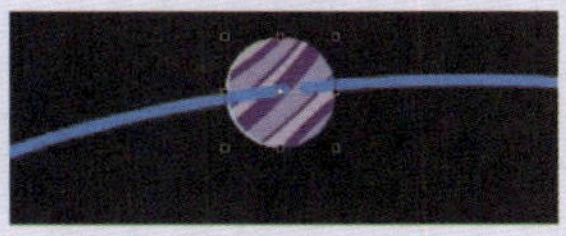 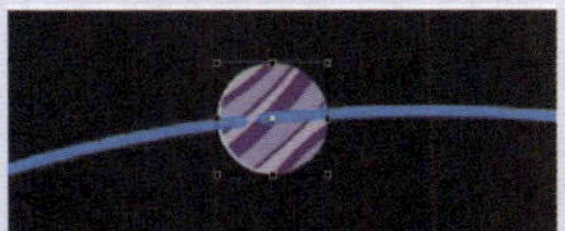 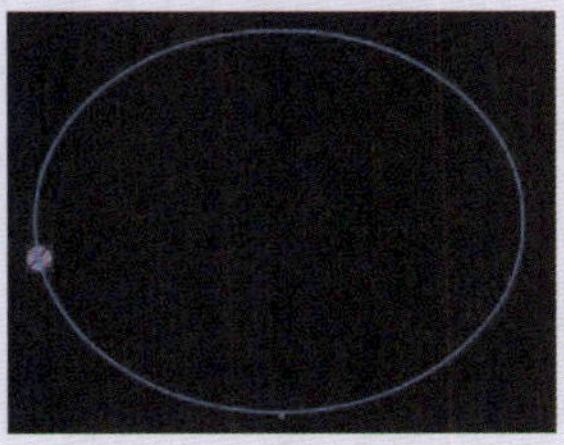

续表

序号	操作步骤	操作要点	图示
5	制作其他星球图形元件	1. 使用同样的方法，制作“金星动画”“地球动画”“火星动画”“木星动画”“土星动画”“天王星动画”和“海王星动画”图形元件 2. 在“库”面板中单击“新建文件夹”按钮，将新文件夹重命名为“太阳系动画” 3. 将 8 个星球图形元件拖动到“太阳系动画”文件夹中	太阳系素材 太阳系动画 土星动画 木星动画 天王星动画 地球动画 水星动画 火星动画 海王星动画 金星动画 太阳系运行背景.jpg
6	制作“太阳”图层	1. 返回场景 1，新建图层_2，将其重命名为“太阳” 2. 将“库”面板中“太阳系素材”文件夹下的“太阳”图形元件拖动到舞台中	
7	制作“行星”图层	1. 新建图层_3，将其重命名为“行星” 2. 分别将“库”面板中“太阳系动画”文件夹下的 8 个星球图形元件拖动到舞台中，按照轨道顺序进行排列并组合 3. 将“行星”图层拖动到“太阳”图层下方 4. 单击“播放”按钮观看动画	
8	保存与发布	1. 将文件保存为“太阳系运行 .fla” 2. 发布“太阳系运行 .html”	—

将实训过程中遇到的疑点、难点及相应的解决方法和心得体会记录在表 4-2-3 中，并在组内讨论和分享。

表 4-2-3　经验和心得体会记录

序号	涉及的操作步骤	经验和心得体会

五、实训评价

实训任务完成后，以适当的形式在班级内展示学习成果，交流学习心得，并归纳、总结实训中的收获，纳入思维导图中。

可采用学生自评、学生互评与教师评价相结合的多元评价方式，按表 4-2-4 所列评价项目完成实训评价。

表 4-2-4　实训评价表

序号	评价项目	评价要求	分值 / 分	学生自评（占比 30%）	学生互评（占比 30%）	教师评价（占比 40%）
1	自主复习	实训前能应用思维导图复习、总结学过的内容	5			
2	计划制订	对实训任务的分析准确、到位，有明确与可行的操作步骤	10			
3	任务实施及检查评估	操作熟练、得当，成果能满足任务要求，具体包括： 1. 能使用正确的方法新建 Animate 文档，并命名文档（10 分） 2. 能从“库”面板中正确复制文件夹（10 分）	70			

续表

序号	评价项目	评价要求	分值 / 分	学生自评（占比 30%）	学生互评（占比 30%）	教师评价（占比 40%）
3	任务实施及检查评估	3. 能正确创建并调整引导层动画效果（20 分） 4. 能按顺序合理地摆放各图层元件（20 分） 5. 能正确保存和发布文件（10 分）				
4	成果展示及学习心得交流	展示与汇报成果时，能使用专业术语，口头表达准确，语言清晰流畅，发言声音洪亮，倾听汇报耐心，仪态大方	10			
5	自主总结	能对实训后的收获进行梳理、总结并纳入思维导图中	5			
6	6S 规范	每发现 1 次不符合规范的操作扣 2 分；若违反安全操作规范实训成绩记为 0 分	—			
		综合得分				

六、实训拓展

1. 参考图 4-2-3 所示的白天和黑夜形成于太阳和月亮不停转动之间的动画效果图片，使用 Adobe Animate 2023 软件制作日月穿梭动画。

图 4-2-3　日月穿梭动画效果图片

2. 参考图 4-2-4 所示的水壶喷洒出水滴浇灌小树苗的动画效果图片，使用 Adobe Animate 2023 软件制作浇水动画。

图 4-2-4　浇水动画效果图片

七、知识巩固与提高

1. 应用滤镜后，可以随时改变它的各选项值，或者调整滤镜的添加（　　），以生成不同的效果。

A. 位置　　B. 顺序　　C. 颜色　　D. 透明度

2. 一个场景可使用多个引导层，引导层中的内容在动画播放的时候是（　　）显示的。

A. 完全　　B. 不　　C. 部分　　D. 不一定

3. 引导线可以根据需要分段修改颜色，在被引导层的“属性”面板中勾选（　　）选项，使被引导对象根据引导线颜色的变化而改变自身的颜色。

A. “调整到路径”　　B. “缓动值”

C. “沿路径着色”　　D. “补间动画”

4. 动画制作完成后，按（　　）键可以测试动画。

A. F2　　B. Ctrl+Enter

C. Enter　　D. Shift+Enter

5. 下列关于引导层的说法中，正确的是（　　）。

A. 为了在绘画时帮助对齐对象，可以创建引导层

B. 可以将其他层上的对象与在引导层上创建的对象对齐

C. 引导层会出现在发布的 SWF 文件中

D. 引导层是用层名称左侧的辅助线图标表示的

项目五
制作遮罩动画

实训任务 1　制作夜间行车动画

一、实训情境

某动画公司的设计师接受了一项动画制作任务：完成在漆黑的夜晚，小汽车开着车灯行驶在桥上的动画制作。该任务要求设计师在 30 min 内使用 Adobe Animate 2023 软件进行遮罩动画制作，得到图 5–1–1 所示的最终效果。

图 5–1–1　夜间行车动画效果

二、实训分析

在本任务中，可利用遮罩动画原理和图层的操作方法等来完成动画的制作。任务开始前，按照图 5–1–2 所示的思维导图复习教材中的知识点和技能点。

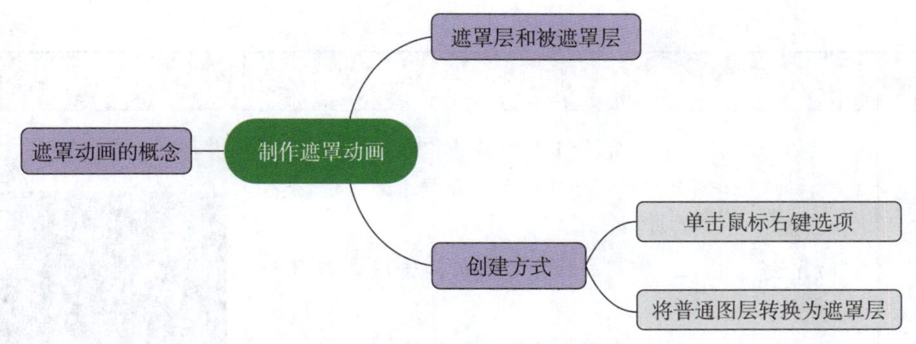

图 5-1-2　教材内容思维导图

三、实训计划制订

根据上一阶段的任务分析，完成实训计划的制订，填入表 5-1-1 中。

表 5-1-1　实训计划

序号	工作内容	所需时间
1		
2		
3		
4		

四、操作步骤提示

按照表 5-1-2 所列出的操作步骤和操作要点，完成夜间行车动画的制作。

表 5-1-2　操作步骤提示

序号	操作步骤	操作要点	图示
1	新建文档	启动 Animate 程序，新建一个 HTML5 Canvas 文档，设置舞台大小为 700 像素 × 400 像素，帧频为 24	—
2	复制元件	打开素材文件“夜间行车库.fla”，从“库”面板中选择“汽车”“轮胎转动”影片剪辑元件和“轮胎”“前车灯灯光”图形元件，将它们复制到新文档的“库”面板中	—

续表

序号	操作步骤	操作要点	图示
3	制作“暗背景”图层	1. 将图层_1重命名为“暗背景”，将素材库中的“夜间行车暗背景.jpg”图片导入舞台中 2. 使用“对齐”面板，使图片与舞台适配 3. 选中“背景”图层的第80帧，按F5键插入帧，锁定“暗背景”图层	
4	制作“亮背景”图层	1. 新建图层_2，将其重命名为“亮背景”，将素材库中的“夜间行车亮背景.jpg”图片导入舞台中 2. 使用“对齐”面板，使图片与舞台适配	
5	制作“汽车”图层	1. 新建图层_3，将其重命名为“汽车” 2. 选中第1帧，将“库”面板中的“汽车”影片剪辑元件拖动到舞台中，并将其放置在右侧舞台之外，设置该元件的位置高度以能超过“夜间行车亮背景.jpg”图片中的绿色路面为宜 3. 选中第80帧，按F6键将其转换为关键帧，将“汽车”影片剪辑元件水平地移动到左侧舞台之外 4. 选中第1帧，单击鼠标右键，在弹出的快捷菜单中选择“创建传统补间”	
6	制作“灯光”图层	1. 新建图层_4，将其重命名为“灯光” 2. 选中第1帧，将“库”面板中的“前车灯灯光”图形元件拖动到舞台中，并放置在“汽车”影片剪辑元件的前车灯位置 3. 选中第80帧，按F6键将其转换为关键帧，将“前车灯灯光”图形元件水平地移动到左侧“汽车”影片剪辑元件的前车灯位置 4. 选中第1帧，单击鼠标右键，在弹出的快捷菜单中选择“创建传统补间”	

续表

序号	操作步骤	操作要点	图示
7	制作遮罩动画	1. 将“灯光”图层拖动到“汽车”图层下方 2. 选中“灯光”图层，单击鼠标右键，在弹出的快捷菜单中选择“遮罩层”，使“亮背景”图层成为被遮罩层 3. 单击“播放”按钮观看动画	
8	保存与发布	1. 将文件保存为“夜间行车 .fla” 2. 发布“夜间行车 .html”	—

将实训过程中遇到的疑点、难点及相应的解决方法和心得体会记录在表 5-1-3 中，并在组内讨论和分享。

表 5-1-3　经验和心得体会记录

序号	涉及的操作步骤	经验和心得体会

五、实训评价

实训任务完成后，以适当的形式在班级内展示学习成果，交流学习心得，并归纳、总结实训中的收获，纳入思维导图中。

可采用学生自评、学生互评与教师评价相结合的多元评价方式，按表 5-1-4 所列评价项目完成实训评价。

表 5–1–4　实训评价

序号	评价项目	评价要求	分值 / 分	学生自评（占比 30%）	学生互评（占比 30%）	教师评价（占比 40%）
1	自主复习	实训前能应用思维导图复习、总结学过的内容	5			
2	计划制订	对实训任务的分析准确、到位，有明确与可行的操作步骤	10			
3	任务实施及检查评估	操作熟练、得当，成果能满足任务要求，具体包括： 1. 能使用正确的方法新建 Animate 文档，并命名文档（10 分） 2. 能正确对齐背景图片（10 分） 3. 能正确制作传统补间动画（20 分） 4. 能制作合理的遮罩动画效果（20 分） 5. 能正确保存和发布文件（10 分）	70			
4	成果展示及学习心得交流	展示与汇报成果时，能使用专业术语，口头表达准确，语言清晰流畅，发言声音洪亮，倾听汇报耐心，仪态大方	10			
5	自主总结	能对实训后的收获进行梳理、总结并纳入思维导图中	5			
6	6S 规范	每发现 1 次不符合规范的操作扣 2 分；若违反安全操作规范实训成绩记为 0 分	—			
综合得分						

六、实训拓展

1. 参考图 5–1–3 所示彩虹从左向右生长的动画效果图片，使用 Adobe Animate 2023 软件制作彩虹动画。

图 5-1-3　彩虹动画效果图片

2. 参考图 5-1-4 所示人手持放大镜，观看江边落日余晖的动画效果图片，使用 Adobe Animate 2023 软件制作放大镜动画。

图 5-1-4　放大镜动画效果图片

七、知识巩固与提高

1. 遮罩层中的图形用来显示（　　）层中对应位置的内容。

A. 被遮罩　　B. 遮罩　　C. 普通　　D. 特殊

2. 按组合快捷键（　　）可以选择舞台中的所有对象。

A. Ctrl+G　　B. Ctrl+B

C. Ctrl+A　　D. Ctrl+K

3. 下列关于“属性”面板的说法中，正确的是（　　）。

A. “属性”面板可以根据选择的对象或工具，智能地显示对应的属性，以便查看或更改相关属性

B. 调出“属性”面板的组合快捷键为 Ctrl+F4

C. “属性”面板可以根据选择的对象，智能地显示对应的属性，以便查看或更改相关属性，但不能设置工具的属性

D. 以上选项都对

4. Animate 中的图层不包括（　　）图层。

A. 背景　　B. 普通　　C. 引导　　D. 遮罩

5. 下列关于遮罩动画的描述中，正确的是（　　）。

A. 遮罩动画中显示的是被遮罩图层里的对象填充内容

B. 遮罩动画中不能显示被遮罩图层里的颜色

C. 遮罩动画与补间动画无关

D. 遮罩动画属于帧动画

实训任务 2　制作电池充电动画

一、实训情境

某动画公司的设计师接受了一项动画制作任务：完成电池充电的动画制作。该任务要求设计师在 30 min 内使用 Adobe Animate 2023 软件进行遮罩动画制作，得到图 5-2-1 所示的最终效果。

图 5-2-1　电池充电动画效果

二、实训分析

在本任务中，可利用钢笔工具组和“转换为元件”命令等来完成动画的制作。任务开始前，按照图 5-2-2 所示的思维导图复习教材中的知识点和技能点。

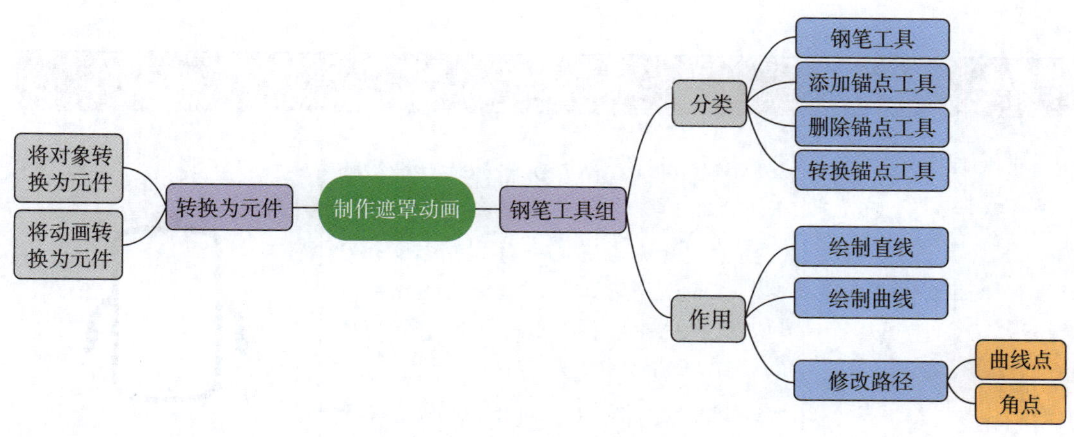

图 5-2-2　教材内容思维导图

三、实训计划制订

根据上一阶段的任务分析，完成实训计划的制订，填入表 5-2-1 中。

表 5-2-1　实训计划

序号	工作内容	所需时间
1		
2		
3		
4		

四、操作步骤提示

按照表 5-2-2 所列出的操作步骤和操作要点，完成电池充电动画的制作。

表 5-2-2　操作步骤提示

序号	操作步骤	操作要点	图示
1	新建文档	启动 Animate 程序，新建一个 HTML5 Canvas 文档，设置舞台大小为 550 像素 × 400 像素、帧频为 24	—
2	复制元件	打开素材文件“电池充电库.fla”，从“库”面板中选择“电池”和“充电区”图形元件，将它们复制到新文档的“库”面板中	—

续表

序号	操作步骤	操作要点	图示
3	制作“电池”图层	1. 将图层_1 重命名为“电池”，将“库”面板中的“电池”图形元件拖动到舞台中 2. 在“对齐”面板中勾选“与舞台对齐”选项后，依次单击“对齐”选项组中的“水平中齐”和“垂直中齐”，使“电池”元件位于舞台中央 3. 选中“电池”图层的第 100 帧，按 F5 键插入帧，锁定“电池”图层	
4	制作“电流”图层	1. 新建图层_2，将其重命名为“电流” 2. 使用矩形工具绘制一个红色矩形，设置该矩形的宽约为“电池”图形元件的宽的 3 倍、高约为“电池”图形元件的高的 1.5 倍 3. 使用选择工具、部分选取工具和添加锚点工具等将矩形的顶端形状调整为波浪形 4. 选中红色矩形，单击鼠标右键，在弹出的快捷菜单中选择“转换为元件”，将红色矩形转换成名为“电流”的图形元件 5. 双击红色矩形，进入“电流”图形元件的编辑区 6. 选中图层_1 的第 1 帧，将红色矩形向左拖动，直到矩形右侧边与电池右侧边重合 7. 选中图层_1 的第 100 帧，按 F6 键将其转换为关键帧，将红色矩形向右拖动，直到矩形左侧边与电池左侧边重合 8. 选中图层_1 的第 1 帧，单击鼠标右键，在弹出的快捷菜单中选择“创建补间形状” 9. 退出元件编辑区，返回场景 10. 选中“电流”图层的第 1 帧，将“电流”图形元件拖动到“电池”图形元件的左下角 11. 选中“电流”图层的第 100 帧，按 F6 键将其转换为关键帧，将“电流”图形元件向右上方拖动，使“电流”图形元件左侧整个覆盖住“电池”图形元件	

续表

序号	操作步骤	操作要点	图示
4	制作“电流”图层	12. 选中“电流”图层的第 1 帧，单击鼠标右键，在弹出的快捷菜单中选择“创建传统补间” 13. 选中“电流”图层的第 100 帧，在“属性”面板中的“对象”选项卡下添加“色调”色彩效果，设置“着色”为亮绿色	
5	制作遮罩动画	1. 新建图层_3，将其重命名为“充电区” 2. 将“库”面板中的“充电区”图形元件拖动到“电池”图形元件的中央 3. 选中“充电区”图层，单击鼠标右键，在弹出的快捷菜单中选择“遮罩层” 4. 将“电池”图层拖动到“充电区”图层的上方 5. 按“播放”按钮观看动画	
6	保存与发布	1. 将文件保存为“电池充电 .fla” 2. 发布“电池充电 .html”动画	—

将实训过程中遇到的疑点、难点及相应的解决方法和心得体会记录在表 5–2–3 中，并在组内讨论和分享。

表 5–2–3　经验和心得体会记录

序号	涉及的操作步骤	经验和心得体会

五、实训评价

实训任务完成后，以适当的形式在班级内展示学习成果，交流学习心得，并归纳、总结实训中的收获，纳入思维导图中。

可采用学生自评、学生互评与教师评价相结合的多元评价方式，按表 5-2-4 所列评价项目完成实训评价。

表 5-2-4 实训评价

序号	评价项目	评价要求	分值 / 分	学生自评（占比 30%）	学生互评（占比 30%）	教师评价（占比 40%）
1	自主复习	实训前能应用思维导图复习、总结学过的内容	5			
2	计划制订	对实训任务的分析准确、到位，有明确与可行的操作步骤	10			
3	任务实施及检查评估	操作熟练、得当，成果能满足任务要求，具体包括： 1. 能使用正确的方法新建 Animate 文档，并命名文档（10 分） 2. 能合理地将对象居中对齐（10 分） 3. 能正确编辑图形元件（20 分） 4. 能制作合理的遮罩动画效果（20 分） 5. 能正确保存和发布文件（10 分）	70			
4	成果展示及学习心得交流	展示与汇报成果时，能使用专业术语，口头表达准确，语言清晰流畅，发言声音洪亮，倾听汇报耐心，仪态大方	10			
5	自主总结	能对实训后的收获进行梳理、总结并纳入思维导图中	5			
6	6S 规范	每发现 1 次不符合规范的操作扣 2 分；若违反安全操作规范实训成绩记为 0 分	—			
综合得分						

六、实训拓展

1. 参考图 5-2-3 所示文字内部透出连续变换的花丛场景，蓝色的文字轮廓如被旋转着的黄色探照灯照射到的动画效果图片，使用 Adobe Animate 2023 软件制作风和日丽文字动画。

图 5-2-3　风和日丽文字动画效果图片

2. 参考图 5-2-4 所示蓝色液体在小烧瓶中来回晃动，底部持续不断有小气泡冒上来的动画效果图片，使用 Adobe Animate 2023 软件制作小烧瓶动画。

图 5-2-4　小烧瓶动画效果图片

七、知识巩固与提高

1. 在遮罩动画中，位于上方的图层是遮罩层，一个遮罩动画中只能有（　　）个遮罩层。

A. 一　　B. 两　　C. 多　　D. 四

2. 被遮罩层中的对象可以是图形、位图、文字、影片剪辑元件、按钮、线条。一个遮罩效果中被遮罩层可以有（　　）个。

A. 一　　B. 两　　C. 多　　D. 四

3. 通过线条工具、铅笔工具、钢笔工具和墨水瓶工具制作的矢量线条不能在遮罩层中产生孔，需要选中线条执行（　　）命令后，才可以使用。

A. “修改”→“形状”→“将线条转换为填充”

B. “修改”→“形状”→“扩展填充”

C. “修改”→“形状”→“柔化填充边缘”

D. “修改”→“形状”→“优化”

4. 在 Animate 中，可以利用（　　）把动画限定在特定的区域内。

A. 引导层　　B. 矩形工具　　C. 遮罩层　　D. 裁剪工具

5. 制作带有透明度变化的遮罩动画应（　　）。

A. 改变被遮罩层上对象的 Alpha 值

B. 复制一个遮罩层图层，在其上进行 Alpha 值变化

C. 直接改变遮罩层的 Alpha 值

D. 以上选项都不对

项目六
制作骨骼动画

实训任务 1　制作摇摆仙人掌动画

一、实训情境

某动画公司的设计师接受了一项动画制作任务：完成仙人掌摇摆动画的制作。该任务要求设计师在 30 min 内使用 Adobe Animate 2023 软件进行骨骼动画制作，得到图 6-1-1 所示的最终效果。

图 6-1-1　摇摆仙人掌动画效果

二、实训分析

在本任务中，可利用资源变形工具和调整变形方法等来完成动画的制作。任务开始前，按照图 6-1-2 所示的思维导图复习教材中的知识点和技能点。

图 6-1-2　教材内容思维导图

三、实训计划制订

根据上一阶段的任务分析，完成实训计划的制订，填入表 6-1-1 中。

表 6-1-1　实训计划

序号	工作内容	所需时间
1		
2		
3		
4		

四、操作步骤提示

按照表 6-1-2 所列出的操作步骤和操作要点，完成摇摆仙人掌动画的制作。

表 6-1-2　操作步骤提示

序号	操作步骤	操作要点	图示
1	新建文档	启动 Animate 程序，新建一个 ActionScript 3.0 文档，设置舞台大小为 550 像素 ×400 像素、帧频为 24	—
2	制作“背景”图层	1. 将图层_1 重命名为“背景”，执行“文件”→“导入”→“导入到舞台”命令，将素材库中的“摇摆仙人掌背景.jpg”图片导入舞台中 2. 使用“对齐”面板，使图片与舞台适配 3. 选中“背景”图层的第 40 帧，按 F5 键插入帧，锁定“背景”图层	

续表

序号	操作步骤	操作要点	图示
3	制作“摇摆仙人掌”图层	1. 新建图层_2，将其重命名为“摇摆仙人掌” 2. 打开素材文件“摇摆仙人掌库.fla”，选中舞台中的“摇摆仙人掌”图形，按组合快捷键 Ctrl+C 进行复制；选中新文档的“摇摆仙人掌”图层，按组合快捷键 Ctrl+V 将其粘贴到舞台中	
4	制作“沙堆”图层	1. 新建图层_3，将其重命名为“沙堆” 2. 选中素材文件“摇摆仙人掌库.fla”舞台中的“沙堆”图形，使用组合快捷键 Ctrl+C、Ctrl+V 将其复制到新文档的“沙堆”图层中，并放置到“摇摆仙人掌”图形的底端	
5	创建资源变形	1. 使用资源变形工具，从“摇摆仙人掌”图形的底端向头顶绘制多节骨骼，再从胸腔处向两侧绘制手臂骨骼 2. 调整各处骨骼，检查摇摆动作情况是否正确	
6	创建摇摆动画	1. 选中“摇摆仙人掌”图层的第 1 帧，将“摇摆仙人掌”图形的动作调整为向右扭动 2. 选中“摇摆仙人掌”图层的第 20 帧，将“摇摆仙人掌”图形的动作调整为向左扭动 3. 选中“摇摆仙人掌”图层的第 1 帧，单击鼠标右键复制帧后，粘贴到第 40 帧 4. 选中“摇摆仙人掌”图层的第 1 帧和第 20 帧，单击鼠标右键，在弹出的快捷菜单中选择“创建传统补间”	  第1帧 第20帧

续表

序号	操作步骤	操作要点	图示
6	创建摇摆动画	5. 选中“摇摆仙人掌”图层的第 1 帧至第 40 帧，单击鼠标右键，在弹出的快捷菜单中选择“转换为逐帧动画”→“每帧设为关键帧” 6. 单击“播放”按钮观看动画	第40帧
7	保存与发布	1. 将文件保存为“摇摆仙人掌 .fla” 2. 发布“摇摆仙人掌 .html”	—

将实训过程中遇到的疑点、难点及相应的解决方法和心得体会记录在表 6–1–3 中，并在组内讨论和分享。

表 6–1–3　经验和心得体会记录

序号	涉及的操作步骤	经验和心得体会

五、实训评价

实训任务完成后，以适当的形式在班级内展示学习成果，交流学习心得，并归纳、总结实训中的收获，纳入思维导图中。

可采用学生自评、学生互评与教师评价相结合的多元评价方式，按表 6–1–4 所列评价项目完成实训评价。

表 6-1-4　实训评价表

序号	评价项目	评价要求	分值 / 分	学生自评（占比30%）	学生互评（占比30%）	教师评价（占比40%）
1	自主复习	实训前能应用思维导图复习、总结学过的内容	5			
2	计划制订	对实训任务的分析准确、到位，有明确与可行的操作步骤	10			
3	任务实施及检查评估	操作熟练、得当，成果能满足任务要求，具体包括： 1. 能使用正确的方法新建 Animate 文档，并命名文档（10 分） 2. 能正确地在文档之间复制图形（10 分） 3. 能正确地为图形绘制骨骼（10 分） 4. 能正确地调整骨骼动作（30 分） 5. 能正确保存和发布文件（10 分）	70			
4	成果展示及学习心得交流	展示与汇报成果时，能使用专业术语，口头表达准确，语言清晰流畅，发言声音洪亮，倾听汇报耐心，仪态大方	10			
5	自主总结	能对实训后的收获进行梳理、总结并纳入思维导图中	5			
6	6S 规范	每发现 1 次不符合规范的操作扣 2 分；若违反安全操作规范实训成绩记为 0 分	—			
	综合得分					

六、实训拓展

1. 参考图 6-1-3 所示的紫色小人犹如听到音乐，翩翩起舞的动画效果图片，使用 Adobe Animate 2023 软件制作舞蹈动画。

图 6-1-3 舞蹈动画效果图片

2. 参考图 6-1-4 所示的大风来临时，树叶被吹得东倒西歪的动画效果图片，使用 Adobe Animate 2023 软件制作风中的叶子动画。

图 6-1-4 风中的叶子动画效果图片

七、知识巩固与提高

1. 使用资源变形工具，可以（　　）矢量对象的形状，使变形看起来更加自然。

A. 移动　　B. 快速扭转和扭曲

C. 添加　　D. 删除

2.（　　）是指动画创作中动作起始与终点的画面，是物体在运动过程中的关键动作，即关键帧；动画帧则是它们两个之间的过渡帧。

A. 重点帧　　B. 动作帧

C. 运动帧　　D. 原画帧

3. 在使用资源变形工具时，下列选项中，（　　）不是其提供的功能。

A. 旋转骨骼　　B. 更改网格密度

C. 直接编辑对象的纹理　　D. 拖动关节以改变形状

4. 在使用资源变形工具时，可以通过添加（　　）来改变对象的形状。

A. 关节　　B. 关键帧

C. 椭圆形　　D. 形状提示

5. 当使用资源变形工具制作动画时，通常需要在关键帧之间创建（　　）动画，以实现平滑的过渡效果。

A. 引导层　　B. 传统补间

C. 遮罩　　D. 逐帧

实训任务 2　制作小和尚挑水动画

一、实训情境

某动画公司的设计师接受了一项动画制作任务：完成《三个和尚》故事中小和尚挑水动画的制作。该任务要求设计师在 45 min 内，使用 Adobe Animate 2023 软件进行骨骼动画制作，得到图 6-2-1 所示的最终效果。

图 6-2-1　小和尚挑水动画效果

二、实训分析

在本任务中，可利用骨骼工具，结合角色走路运动规律等来完成动画的制作。任务开始前，按照图 6-2-2 所示的思维导图复习教材中的知识点和技能点。

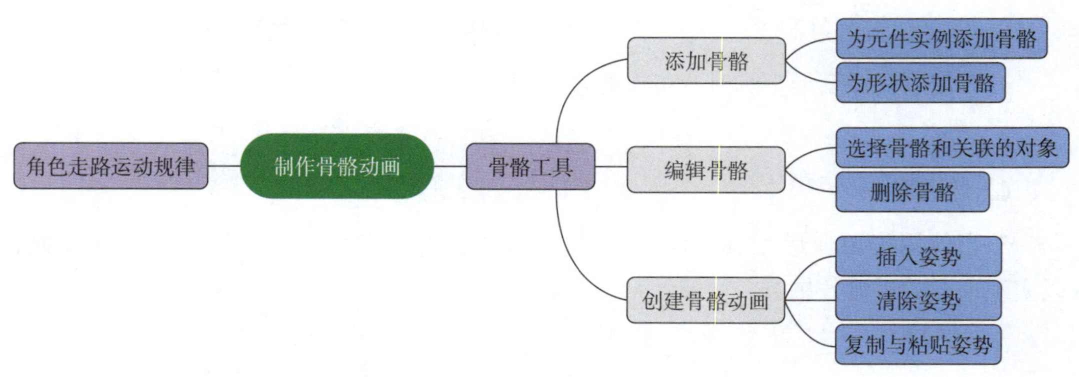

图 6-2-2 教材内容思维导图

三、实训计划制订

根据上一阶段的任务分析，完成实训计划的制订，填入表 6-2-1 中。

表 6-2-1 实训计划

序号	工作内容	所需时间
1		
2		
3		
4		

四、操作步骤提示

按照表 6-2-2 所列出的操作步骤和操作要点，完成小和尚挑水动画的制作。

表 6-2-2 操作步骤提示

序号	操作步骤	操作要点	图示
1	新建文档	启动 Animate 程序，新建一个 ActionScript 3.0 文档，设置舞台大小为 550 像素 ×400 像素、帧频为 24	
2	设置背景颜色	在“属性”面板中将舞台背景颜色设置为草绿色（#66CC99）	

续表

序号	操作步骤	操作要点	图示
3	复制文件夹	打开素材文件"小和尚挑水库.fla"，从"库"面板中选择"小和尚挑水素材"文件夹，将其复制到新文档的"库"面板中	—
4	制作"背景"图层	1. 将图层_1重命名为"背景" 2. 打开"库"面板中的"小和尚挑水素材"文件夹，选择"场景素材"文件夹中的"大山""天空""白云飘动画""寺庙"图形元件和"炊烟动画"影片剪辑元件，将它们组合成山顶寺庙场景 3. 选中"背景"图层的第130帧，按F5键插入帧	
5	制作"小和尚挑水动画"影片剪辑元件	1. 执行"插入"→"新建元件"命令，新建"小和尚挑水动画"影片剪辑元件，进入元件编辑区 2. 选中图层_1的第1帧，将"库"面板中的"小和尚"文件夹中的各元件拖动到编辑区，组合成小和尚的全身 3. 使用骨骼工具，从小和尚的胸腔向头顶和四肢绘制多节骨骼，将图层_1转换成为"骨架_1"图层，调整各处骨骼，检查动作情况是否正确 4. 选中"骨架_1"图层的第1帧，将小和尚的动作调整成两只脚一前一后的行走状态 5. 分别选中"骨架_1"图层的第5、9、13、17帧，单击鼠标右键，在弹出的快捷菜单中选择"插入姿势" 6. 选中"骨架_1"图层的第5帧，将小和尚的动作调整成一只脚落地、一只脚抬起的行走状态，并将整个身体向上提升一些距离 7. 选中"骨架_1"图层的第13帧，将小和尚的动作调整成与第5帧左右脚相反的一只脚落地、一只脚抬起的行走状态，并将整个身体向上提升一些距离	第1帧 第5帧

续表

序号	操作步骤	操作要点	图示
5	制作“小和尚挑水动画”影片剪辑元件	8. 选中“骨架_1”图层的第 16 帧，单击鼠标右键，在弹出的快捷菜单中选择“插入姿势”，删除第 17 帧 9. 新建图层_2，将其重命名为“阴影”，选中第 1 帧，使用椭圆工具绘制一个填充颜色为灰蓝色（#086782）、Alpha 值为 60% 的椭圆，放置到小和尚的脚下	    第9帧 第13帧 第17帧
6	制作“小和尚”图层	1. 返回场景 1，新建图层_2，将其重命名为“小和尚” 2. 选中“小和尚”图层的第 1 帧，将“库”面板中的“小和尚挑水动画”影片剪辑元件拖动到舞台右侧	
7	制作“路线”图层	1. 新建图层_3，将其重命名为“路线” 2. 选中“路线”图层的第 1 帧，使用钢笔工具，沿着舞台中“大山”图形元件的山路走向绘制一条曲线	—

续表

序号	操作步骤	操作要点	图示
8	制作引导层动画	1. 选中“小和尚”图层的第1帧，将“小和尚挑水动画”影片剪辑元件贴紧对齐到曲线的右端 2. 选中“小和尚”图层的第130帧，按F6键将其转换为关键帧，将“小和尚挑水动画”影片剪辑元件贴紧对齐到曲线的左端 3. 选中“小和尚”图层的第1帧，单击鼠标右键，在弹出的快捷菜单中选择“创建传统补间”，勾选“属性”面板中“帧”选项卡下的“调整到路径”选项 4. 选中“路线”图层，单击鼠标右键，在弹出的快捷菜单中选择“引导层”，将“小和尚”图层拖动到其下方成为被引导层 5. 单击“播放”按钮观看动画	
9	保存与发布	1. 将文件保存为“小和尚挑水 .fla” 2. 发布“小和尚挑水 .html”	—

将实训过程中遇到的疑点、难点及相应的解决方法和心得体会记录在表6-2-3中，并在组内讨论和分享。

表6-2-3　经验和心得体会记录

序号	涉及的操作步骤	经验和心得体会

五、实训评价

实训任务完成后，以适当的形式在班级内展示学习成果，交流学习心得，并归纳、总结实训中的收获，纳入思维导图中。

可采用学生自评、学生互评与教师评价相结合的多元评价方式，按表 6-2-4 所列评价项目完成实训评价。

表 6-2-4 实训评价表

序号	评价项目	评价要求	分值 / 分	学生自评（占比 30%）	学生互评（占比 30%）	教师评价（占比 40%）
1	自主复习	实训前能应用思维导图复习、总结学过的内容	5			
2	计划制订	对实训任务的分析准确、到位，有明确与可行的操作步骤	10			
3	任务实施及检查评估	操作熟练、得当，成果能满足任务要求，具体包括： 1. 能使用正确的方法新建 Animate 文档，并命名文档（10 分） 2. 能正确为元件绘制骨骼（10 分） 3. 能正确制作角色原地走路动画（20 分） 4. 能正确制作角色位移动画（20 分） 5. 能正确保存和导出文件（10 分）	70			
4	成果展示及学习心得交流	展示与汇报成果时，能使用专业术语，口头表达准确，语言清晰流畅，发言声音洪亮，倾听汇报耐心，仪态大方	10			
5	自主总结	能对实训后的收获进行梳理、总结并纳入思维导图中	5			
6	6S 规范	每发现 1 次不符合规范的操作扣 2 分；若违反安全操作规范实训成绩记为 0 分	—			
综合得分						

六、实训拓展

1. 参考图 6-2-3 所示的字母 M 拖动双腿，爬向美味草莓的动画效果图片，使用 Adobe Animate 2023 软件制作 M 找食物动画。

图 6-2-3　M 找食物动画效果图片

2. 参考图 6-2-4 所示的圆滚滚的锦鲤在平静无波的水面款款游动，仿若空游无所依的动画效果图片，使用 Adobe Animate 2023 软件制作锦鲤游动动画。

图 6-2-4　锦鲤游动动画效果图片

七、知识巩固与提高

1. “骨架”图层中的关键帧被称为（　　），Animate 软件会自动创建它们之间的过渡效果。

A. 状态　　B. 姿势　　C. 动作　　D. 行为关键帧

2. 在“骨架”图层的姿势帧处单击鼠标右键，在弹出的快捷菜单中选择（　　）选项，完成清除姿势。

A. “清除姿势” B. “清除关键帧”

C. “清除动作” D. “删除帧”

3. 在一个跑步循环中，左右脚各向前迈了（　　）次。

A. 1 B. 2

C. 3 D. 1.5

4. 绘制完所有骨骼后，在“时间轴”面板中会自动创建一个（　　）图层。

A. “骨架” B. “背景”

C. “运动” D. “形状”

5. 按住（　　）键选择多块骨骼后，按 Delete 键可删除所选骨骼。

A. Alt B. Ctrl

C. Shift D. Enter

项目七
制作摄像头动画

实训任务 1　制作海滩度假动画

一、实训情境

某动画公司的设计师接受了一项动画制作任务：完成模拟无人机拍摄海滩度假动画的制作。该任务要求设计师在 25 min 内，使用 Adobe Animate 2023 软件进行摄像头动画制作，得到图 7-1-1 所示的最终效果。

图 7-1-1　海滩度假动画效果

二、实训分析

在本任务中，可结合景别的含义和摄像头操作方法等来完成动画的制作。任务开始前，按照图 7-1-2 所示的思维导图复习教材中的知识点和技能点。

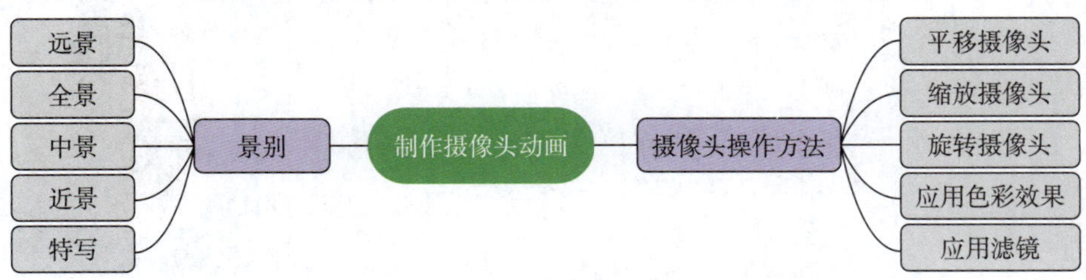

图 7-1-2　教材内容思维导图

三、实训计划制订

根据上一阶段的任务分析，完成实训计划的制订，填入表 7-1-1 中。

表 7-1-1　实训计划

序号	工作内容	所需时间
1		
2		
3		
4		

四、操作步骤提示

按照表 7-1-2 所列出的操作步骤和操作要点，完成海滩度假动画的制作。

表 7-1-2　操作步骤提示

序号	操作步骤	操作要点	图示
1	新建文档	启动 Animate 程序，新建一个 HTML5 Canvas 文档，设置舞台大小为 550 像素 × 550 像素、帧频为 24	—
2	复制文件夹	打开素材文件“沙滩度假库.fla”，从“库”面板中选择“沙滩素材”文件夹，将其复制到新文档的“库”面板中	—
3	制作“沙滩”图层	1. 将图层_1 重命名为“沙滩” 2. 打开“库”面板中的“沙滩素材”文件夹，将“背景”图形元件拖动到舞台中央，并缩小至大约舞台大小 3. 将“红海星”和“黄海星”图形元件拖动到舞台中，并复制多个，调整好大小和位置后将它们摆放到沙滩上 4. 将“垫子”“遮阳伞红”“遮阳伞蓝”“吊床”“椰子树动画”和“沙滩排球动画”图形元件拖动到舞台中，调整好大小和位置后将它们摆放到沙滩上，注意前后排列层级关系 5. 将“救生圈动画”图形元件拖动到舞台中，放置在沙滩与海水交界处 6. 选中“沙滩”图层的第 120 帧，按 F5 键插入帧，锁定“沙滩”图层	

续表

序号	操作步骤	操作要点	图示
4	制作“Camera”图层	1. 单击“时间轴”面板上的“添加摄像头”按钮，创建“Camera”图层 2. 选中“Camera”图层的第1帧，在“属性”面板中的“工具”选项卡下的“摄像机设置”中设置缩放为100%、旋转为 −179° 3. 选中“Camera”图层的第50帧，按F6键将其转换为关键帧，在“属性”面板中的“工具”选项卡下的“摄像机设置”中设置缩放为1201%、旋转为0° 4. 选中“Camera”图层的第50帧，单击鼠标右键，在弹出的快捷菜单中选择“复制帧” 5. 选中“Camera”图层的第70帧，单击鼠标右键，在弹出的快捷菜单中选择“粘贴帧” 6. 选中“Camera”图层的第1帧，单击鼠标右键，在弹出的快捷菜单中选择“复制帧” 7. 选中“Camera”图层的第120帧，单击鼠标右键，在弹出的快捷菜单中选择“粘贴帧” 8. 分别选中“Camera”图层的第1帧和第70帧，单击鼠标右键，在弹出的快捷菜单中选择“创建传统补间” 9. 单击“播放”按钮观看动画	第1帧 第50帧 第70帧 第120帧
5	保存与发布	1. 将文件保存为“沙滩度假.fla” 2. 发布“沙滩度假.html”	—

将实训过程中遇到的疑点、难点及相应的解决方法和心得体会记录在表7–1–3中，并在组内讨论和分享。

表 7-1-3 经验和心得体会记录

序号	涉及的操作步骤	经验和心得体会

五、实训评价

实训任务完成后，以适当的形式在班级内展示学习成果，交流学习心得，并归纳、总结实训中的收获，纳入思维导图中。

可采用学生自评、学生互评与教师评价相结合的多元评价方式，按表 7-1-4 所列评价项目完成实训评价。

表 7-1-4 实训评价表

序号	评价项目	评价要求	分值 / 分	学生自评（占比 30%）	学生互评（占比 30%）	教师评价（占比 40%）
1	自主复习	实训前能应用思维导图复习、总结学过的内容	5			
2	计划制订	对实训任务的分析准确、到位，有明确与可行的操作步骤	10			
3	任务实施及检查评估	操作熟练、得当，成果能满足任务要求，具体包括： 1. 能使用正确的方法新建 Animate 文档，并命名文档（10 分） 2. 能从“库”面板中正确复制文件夹（10 分）	70			

续表

序号	评价项目	评价要求	分值 / 分	学生自评（占比30%）	学生互评（占比30%）	教师评价（占比40%）
3	任务实施及检查评估	3. 能合理地布置沙滩场景（10 分） 4. 能正确创建“Camera”图层（10 分） 5. 能合理调整摄像头动画（20 分） 6. 能正确保存和发布文件（10 分）				
4	成果展示及学习心得交流	展示与汇报成果时，能使用专业术语，口头表达准确，语言清晰流畅，发言声音洪亮，倾听汇报耐心，仪态大方	10			
5	自主总结	能对实训后的收获进行梳理、总结并纳入思维导图中	5			
6	6S 规范	每发现 1 次不符合规范的操作扣 2 分；若违反安全操作规范实训成绩记为 0 分	—			
综合得分						

六、实训拓展

1. 参考图 7-1-3 所示的摄像机从上向下摇动镜头，画面从天空中的太阳移动到马路上，再通过推动镜头寻找到长椅上兔子气球的动画效果图片，使用 Adobe Animate 2023 软件制作寻找兔子气球动画。

图 7-1-3　寻找兔子气球动画效果图片

2. 参考图 7–1–4 所示的开车行进在沿海公路上，远远地看着海上缓缓升起太阳的动画效果图片，使用 Adobe Animate 2023 软件制作海上日出动画。

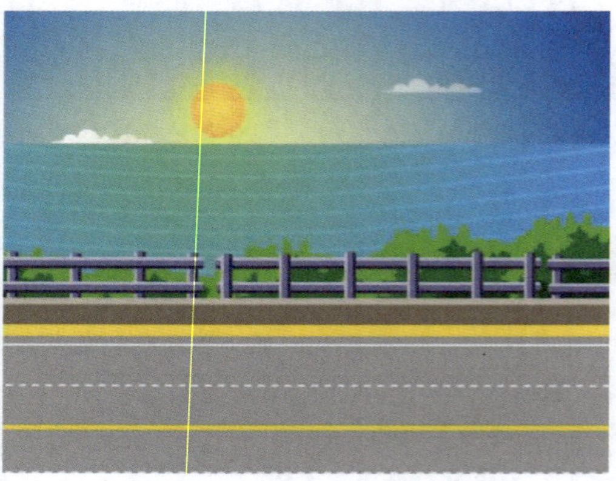

图 7–1–4　海上日出动画效果图片

七、知识巩固与提高

1. 在 Animate 软件中，能添加（　　）“Camera”图层。

A. 1 个　　B. 最多 2 个

C. 最多 10 个　　D. 无限制个

2. 在 Animate 软件中，使用摄像头可以模拟摄像头的运动，在摄像头视图下播放动画时，动画效果会像透过（　　）看到的效果一样。

A. 视图　　B. 摄像头

C. 蒙版　　D. 舞台

3. 在 Animate 软件中，单击摄像头，或者单击“时间轴”面板中的“添加摄像头”按钮，会生成（　　）图层。

A. “Camera”　　B. “照相机”

C. “背景”　　D. “骨骼”

4. 在 Animate 软件中，对摄像头的操作不包括（　　）摄像头。

A. 平移　　B. 翻转

C. 旋转　　D. 缩放

5. 对摄像头图层应用（　　），可以对整个舞台进行调色，以便使画面达到某种统一色调的效果，无须对各个图层和对象分别进行操作。

A. “滤镜”　　B. “旋转”

C. “色彩效果”　　D. “填充颜色”

实训任务 2　制作景深动画

一、实训情境

某动画公司的设计师接受了一项动画制作任务：完成摄像头从大远景向中景变化的景深动画制作。该任务要求设计师在 30 min 内，使用 Adobe Animate 2023 软件进行摄像头动画制作，得到图 7-2-1 所示的最终效果。

图 7-2-1　景深动画效果

二、实训分析

在本任务中，可结合调整摄像头运动、景深和从摄像头分离图层的方法等来完成动画的制作。任务开始前，按照图 7-2-2 所示的思维导图复习教材中的知识点和技能点。

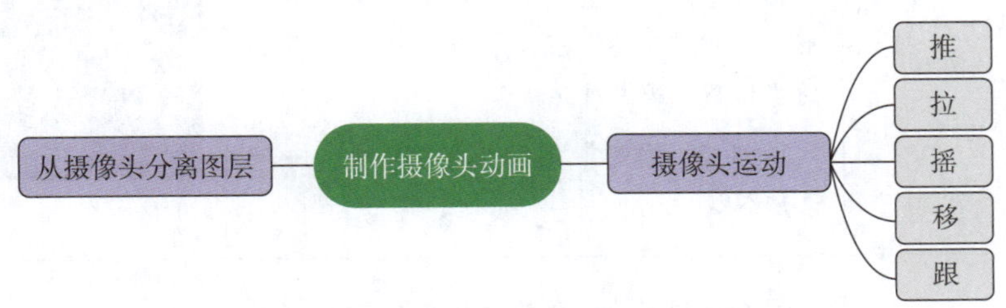

图 7-2-2　教材内容思维导图

三、实训计划制订

根据上一阶段的任务分析，完成实训计划的制订，填入表 7-2-1 中。

表 7-2-1　实训计划

序号	工作内容	所需时间
1		
2		
3		
4		

四、操作步骤提示

按照表 7-2-2 所列出的操作步骤和操作要点，完成景深动画的制作。

表 7-2-2　操作步骤提示

序号	操作步骤	操作要点	图示
1	新建文档	启动 Animate 程序，新建一个 ActionScript 3.0 文档，设置舞台大小为 550 像素 ×400 像素、帧频为 24	—
2	复制文件夹	打开素材文件“景深库.fla”，从“库”面板中选择“景深素材”文件夹，将其复制到新文档的“库”面板中	—
3	制作“背景”图层	1. 将图层_1 重命名为“背景” 2. 选中“背景”图层的第 1 帧，使用矩形工具绘制一个蓝色（#3351B4）填充的矩形，使用“对齐”面板，使矩形匹配舞台的宽和高，居中对齐舞台 3. 选中“背景”图层的第 110 帧，按 F5 键插入帧	
4	制作“地面”图层	1. 新建图层_2，将其重命名为“地面” 2. 选中“地面”图层的第 1 帧，将“库”面板中的“地面”图形元件拖动到舞台中央 3. 将“库”面板中的“云”图形元件拖动到舞台中，复制多个，调整大小和位置后，将它们放置到“地面”图形元件后方	

续表

序号	操作步骤	操作要点	图示
5	制作“城门”图层	1. 新建图层_3，将其重命名为“城门” 2. 选中“城门”图层的第1帧，将“库”面板中的“城门”图形元件拖动到舞台中央	
6	制作“左侧树”和“右侧树”图层	1. 新建图层_4，将其重命名为“左侧树” 2. 选中“左侧树”图层的第1帧，将“库”面板中的“左侧树”图形元件拖动到舞台中，遮挡住“城门”图形元件的左半部分 3. 新建图层_5，将其重命名为“右侧树” 4. 选中“右侧树”图层的第1帧，将“库”面板中的“右侧树”图形元件拖动到舞台中，遮挡住“城门”图形元件的右半部分	 
7	制作“白云1”和“白云2”图层	1. 新建图层_6，将其重命名为“白云1” 2. 选中“白云1”图层的第1帧，将“库”面板中的“云”图形元件拖动到舞台中，放大元件，遮挡住舞台的左侧大部分 3. 新建图层_7，将其重命名为“白云2” 4. 选中“白云2”图层的第1帧，将“库”面板中的“云”图形元件拖动到舞台中，放大元件，遮挡住整个舞台	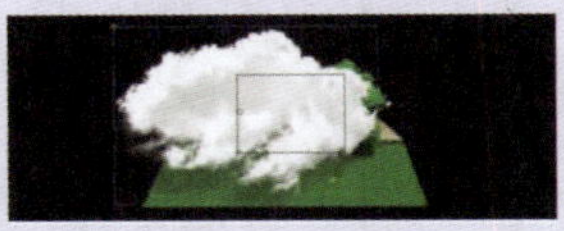 
8	制作“Camera”图层	1. 执行“窗口”→“图层深度”命令，打开“图层深度”面板 2. 分别将“白云2”“白云1”“右侧树”和“左侧树”图层的深度设置为−300、−170、−100、−30	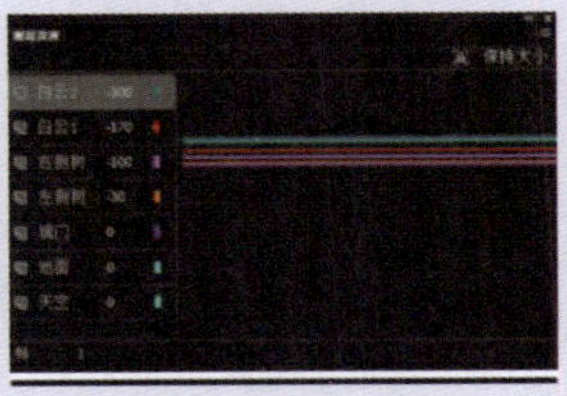

续表

序号	操作步骤	操作要点	图示
8	制作“Camera”图层	3. 单击“时间轴”面板中的“添加摄像头”按钮，创建“Camera”图层 4. 选中“Camera”图层的第 1 帧，将镜头画面拉远至“白云 2”图层前方 5. 选中“Camera”图层的第 100 帧，按 F6 键将其转换为关键帧，将镜头画面推近至“城门”图层前方（可配合“将所有图层显示为轮廓”按钮进行观察） 6. 选中“Camera”图层的第 1 帧，单击鼠标右键，在弹出的快捷菜单中选择“创建传统补间” 7. 单击“背景”图层上的“将所有图层附加到摄像头，或从摄像头分离图层”按钮，使其从摄像头分离出来	 
9	制作位移动画	1. 选中“白云 2”图层的第 30 帧，按 F6 键将其转换为关键帧，将“云”图形元件向右拖出舞台。选中“白云 2”图层的第 1 帧，单击鼠标右键，在弹出的快捷菜单中选择“创建传统补间” 2. 选中“白云 1”图层的第 20 帧，按 F6 键将其转换为关键帧。选中“白云 1”图层的第 50 帧，按 F6 键将其转换为关键帧，将“云”图形元件向左拖出舞台。选中“白云 1”图层的第 20 帧，单击鼠标右键，在弹出的快捷菜单中选择“创建传统补间” 3. 选中“右侧树”图层的第 40 帧，按 F6 键将其转换为关键帧。选中“右侧树”图层的第 70 帧，按 F6 键将其转换为关键帧，将“右侧树”图形元件向右拖出舞台。选中“右侧树”图层的第 40 帧，单击鼠标右键，在弹出的快捷菜单中选择“创建传统补间”	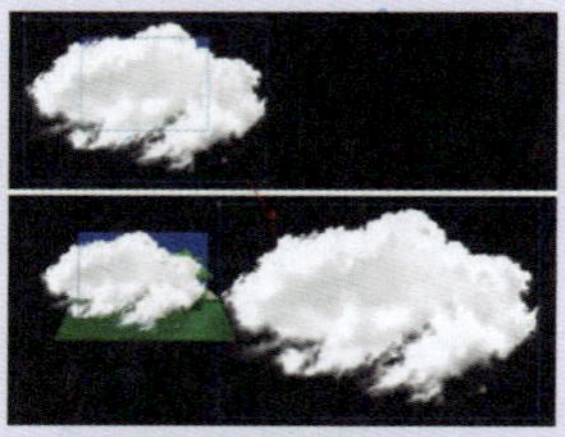  

续表

序号	操作步骤	操作要点	图示
9	制作位移动画	4. 选中“左侧树”图层的第60帧，按F6键将其转换为关键帧。选中“左侧树”图层的第90帧，按F6键将其转换为关键帧，将“左侧树”图形元件向左拖出舞台。选中“左侧树”图层的第60帧，单击鼠标右键，在弹出的快捷菜单中选择“创建传统补间” 5. 单击“播放”按钮观看动画	
10	保存与发布	1. 将文件保存为“景深 .fla” 2. 发布“景深 .html”	—

将实训过程中遇到的疑点、难点及相应的解决方法和心得体会记录在表7–2–3中，并在组内讨论和分享。

表7–2–3 经验和心得体会记录

序号	涉及的操作步骤	经验和心得体会

五、实训评价

实训任务完成后，以适当的形式在班级内展示学习成果，交流学习心得，并归纳、总结实训中的收获，纳入思维导图中。

可采用学生自评、学生互评与教师评价相结合的多元评价方式，按表7–2–4所列评价项目完成实训评价。

表 7-2-4 实训评价

序号	评价项目	评价要求	分值 / 分	学生自评（占比 30%）	学生互评（占比 30%）	教师评价（占比 40%）
1	自主复习	实训前能应用思维导图复习、总结学过的内容	5			
2	计划制订	对实训任务的分析准确、到位，有明确与可行的操作步骤	10			
3	任务实施及检查评估	操作熟练、得当，成果能满足任务要求，具体包括： 1. 能使用正确的方法新建 Animate 文档，并命名文档（10 分） 2. 能合理布置景深场景（20 分） 3. 能合理调整摄像头动画（10 分） 4. 能将图层从摄像头分离出来（10 分） 5. 能合理调整各图层位移动画（10 分） 6. 能正确保存和导出文件（10 分）	70			
4	成果展示及学习心得交流	展示与汇报成果时，能使用专业术语，口头表达准确，语言清晰流畅，发言声音洪亮，倾听汇报耐心，仪态大方	10			
5	自主总结	能对实训后的收获进行梳理、总结并纳入思维导图中	5			
6	6S 规范	每发现 1 次不符合规范的操作扣 2 分；若违反安全操作规范实训成绩记为 0 分	—			
综合得分						

六、实训拓展

1. 参考图 7-2-3 所示的直升机从远方飞入画面后，与摄像头同步飞行的动画效果图片，使用 Adobe Animate 2023 软件制作直升机动画。

图 7-2-3　直升机动画效果图片

2. 参考图 7-2-4 所示的乌云压顶，一道闪电划过，白光闪现，大雨将至的动画效果图片，使用 Adobe Animate 2023 软件制作阴雨天动画。

图 7-2-4　阴雨天动画效果图片

七、知识巩固与提高

1. 根据近大远小的透视规律，物体呈现（　　）的现象。

A. 近处大、远处小　　B. 近处小、远处大

C. 近处高、远处低　　D. 近处低、远处高

2. 在 Animate 软件中，常见的摄像头运动不包括以下选项中的（　　）。

A. 推　　B. 摇

C. 转　　D. 跟

3. 利用（　　）可以将整个 Animate 影片分成一段段独立的、易于管理的组。

A. 场景　　B. 文件夹

C. 图层　　D.“库”面板

4. 在 Animate 软件中，选中需要从摄像头分离的图层，单击（　　）中的“将所有图层附加到摄像头，或从摄像头分离所有图层”按钮，图层就从摄像头分离出来而独立存在，不被摄像头影响了。

A. 工具箱　　B. “库”面板

C. “时间轴”面板　　D. “对齐”面板

5. 在 Animate 软件中，选中图形，执行“修改”→“形状”→“柔化填充边缘”命令，弹出“柔化填充边缘”对话框，设置“距离”和“步长数”的数值，勾选“方向”选项中的“插入”，可以使图形的边缘（　　）羽化。

A. 向后　　B. 向外

C. 向上　　D. 向内

项目八
制作声音动画

实训任务 1　制作《暮江吟》动画

一、实训情境

某动画公司的设计师接受了一项动画制作任务：完成古诗配动画的制作。该任务要求设计师在 35 min 内，使用 Adobe Animate 2023 软件进行有声动画制作，得到图 8-1-1 所示的最终效果。

图 8-1-1 《暮江吟》动画效果

二、实训分析

在本任务中，可利用声音的导入、替换、同步、删除等方法来完成动画的制作。任务开始前，按照图 8-1-2 所示的思维导图复习教材中的知识点和技能点。

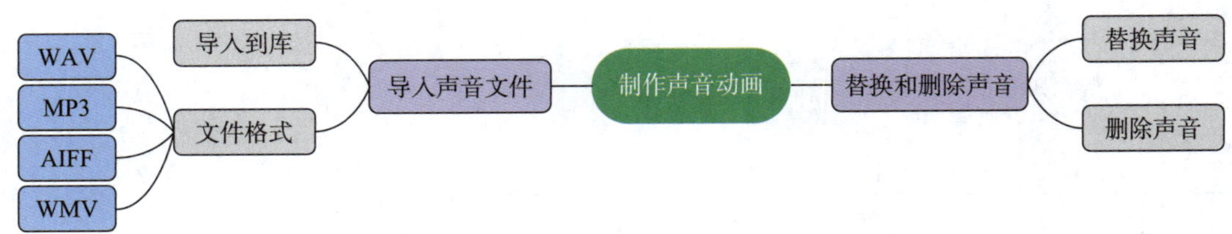

图 8-1-2 教材内容思维导图

三、实训计划制订

根据上一阶段的任务分析，完成实训计划的制订，填入表 8-1-1 中。

表 8-1-1 实训计划

序号	工作内容	所需时间
1		
2		
3		
4		

四、操作步骤提示

按照表 8-1-2 所列出的操作步骤和操作要点，完成《暮江吟》动画的制作。

表 8-1-2 操作步骤提示

序号	操作步骤	操作要点	图示
1	新建文档	启动 Animate 程序，新建一个 ActionScript 3.0 文档，设置舞台大小为 550 像素 ×400 像素、帧频为 24	—
2	复制文件夹	打开素材文件“暮江吟库.fla”，从“库”面板中选择“暮江吟素材”文件夹，将其复制到新文档的“库”面板中	—
3	制作“深色江面”图层	1. 将图层_1 重命名为“深色江面” 2. 打开“库”面板中的“暮江吟素材”文件夹，将“深色江面”图形元件拖动到舞台中 3. 选中“深色江面”图层的第 392 帧，按 F5 键插入帧	

续表

序号	操作步骤	操作要点	图示
4	制作“彩色江面”图层	1. 新建图层_2，将其重命名为“彩色江面” 2. 将“库”面板中的“彩色江面”图形元件拖动到舞台中 3. 调整两个图层中图形元件的位置，使形成的水平线高度一致	
5	制作“水下倒影”和“水上图形”图层	1. 新建图层_3，将其重命名为“水下倒影” 2. 将“库”面板中的“山”和“云动画”影片剪辑元件拖动到舞台中，对各影片剪辑元件进行方向、大小等调整，复制多个，将它们摆放到水平线下方 3. 选中“水下倒影”图层的第1帧，在“属性”面板中的“帧”选项卡下“色彩效果”中设置Alpha值为40% 4. 新建图层_4，将其重命名为“水上图形” 5. 将“库”面板中的“山”和“云动画”影片剪辑元件拖动到舞台中，参照“水下倒影”图层的摆放位置，将各影片剪辑元件摆放到水平线上方	 
6	制作“声音”图层	1. 执行“文件”→“导入”→“导入到库”命令，将素材库中的“暮江吟朗诵.wav”音频文件导入库中 2. 新建图层_5，将其重命名为“声音” 3. 选中“声音”图层的第1帧，将“库”面板中的“暮江吟朗诵.wav”音频文件拖动到舞台中	—

续表

序号	操作步骤	操作要点	图示
7	制作江面变幻动画	1. 选中“彩色江面”图层的第 175 帧，按 F6 键将其转换为关键帧 2. 选中“彩色江面”图层的第 210 帧，按 F6 键将其转换为关键帧，在“属性”面板中的“帧”选项卡下“色彩效果”中设置 Alpha 值为 0% 3. 选中“彩色江面”图层的第 175 帧，单击鼠标右键，在弹出的快捷菜单中选择“创建传统补间”	
8	制作文字遮罩动画	1. 新建图层_6，将其重命名为“文字” 2. 选中“文字”图层的第 1 帧，使用文本工具在舞台中输入《暮江吟》诗句，按右图所示格式摆放在舞台左下角 3. 新建图层_7，将其重命名为“文字遮罩” 4. 选中“文字遮罩”图层的第 1 帧，使用矩形工具在文字区域上方绘制一个比一行诗句宽一些的长条矩形 5. 选中“文字遮罩”图层的第 25 帧，按 F6 键将其转换为关键帧，上下拉伸矩形，使其覆盖住《暮江吟》的名称和作者 6. 选中“文字遮罩”图层的第 1 帧，单击鼠标右键，在弹出的快捷菜单中选择“创建补间形状” 7. 使用同样的方法，在第 25～85 帧创建补间形状动画，使其覆盖住第一句诗句；在第 100～160 帧创建补间形状动画，使其覆盖住第二句诗句；在第 205～265 帧创建补间形状动画，使其覆盖住第三句诗句；在第 285～345 帧创建补间形状动画，使其覆盖住第四句诗句	暮江吟 唐　白居易 一道残阳铺水中 半江瑟瑟半江红 可怜九月初三夜 露似真珠月似弓 一道残阳铺水中 半江瑟瑟半江红 可怜九月初三夜 露似真珠月似弓 半江瑟瑟半江红 可怜九月初三夜 露似真珠月似弓

续表

序号	操作步骤	操作要点	图示
8	制作文字遮罩动画	8. 选中“文字遮罩”图层，单击鼠标右键，在弹出的快捷菜单中选择“遮罩层”，使“文字”图层成为被遮罩层	可怜九月初三夜 露似真珠月似弓 露似真珠月似弓
9	制作“Camera”图层	1. 单击“时间轴”面板上的“添加摄像头”按钮，创建“Camera”图层 2. 选中“Camera”图层的第1帧，在“属性”面板中的“工具”选项卡下“摄像机设置”中设置缩放为264%，使镜头显示山间的落日 3. 选中“Camera”图层的第50帧，按F6键将其转换为关键帧 4. 选中“Camera”图层的第175帧，按F6键将其转换为关键帧，在“属性”面板中的“工具”选项卡下“摄像机设置”中设置缩放为102%，将镜头拉远至显示整个江面 5. 选中“Camera”图层的第50帧，单击鼠标右键，在弹出的快捷菜单中选择“创建传统补间”	第50帧 第175帧

续表

序号	操作步骤	操作要点	图示
9	制作“Camera”图层	6. 选中“Camera”图层的第 210 帧，按 F6 键将其转换为关键帧 7. 选中“Camera”图层的第 360 帧，按 F6 键将其转换为关键帧，在“属性”面板中的“工具”选项卡下“摄像机设置”中设置缩放为 181%，将镜头推近至江上的月亮 8. 选中“Camera”图层的第 210 帧，单击鼠标右键，在弹出的快捷菜单中选择“创建传统补间” 9. 选中“文字”图层和“文字遮罩”图层，在“时间轴”面板中单击“将所有图层附加到摄像头，或从摄像头分离所有图层”按钮，使两个图层从摄像头中分离出来 10. 单击“播放”按钮观看动画	第210帧 第360帧
10	保存与发布	1. 将文件保存为“《暮江吟》.fla” 2. 发布“《暮江吟》.html”	—

将实训过程中遇到的疑点、难点及相应的解决方法和心得体会记录在表 8-1-3 中，并在组内讨论和分享。

表 8-1-3 经验和心得体会记录

序号	涉及的操作步骤	经验和心得体会

五、实训评价

实训任务完成后，以适当的形式在班级内展示学习成果，交流学习心得，并归纳、总结实训中的收获，纳入思维导图中。

可采用学生自评、学生互评与教师评价相结合的多元评价方式，按表 8-1-4 所列评价项目完成实训评价。

表 8-1-4　实训评价表

序号	评价项目	评价要求	分值 / 分	学生自评（占比 30%）	学生互评（占比 30%）	教师评价（占比 40%）
1	自主复习	实训前能应用思维导图复习、总结学过的内容	5			
2	计划制订	对实训任务的分析准确、到位，有明确与可行的操作步骤	10			
3	任务实施及检查评估	操作熟练、得当，成果能满足任务要求，具体包括： 1. 能使用正确的方法新建 Animate 文档，并命名文档（10 分） 2. 能合理布置各图层元件的位置（10 分） 3. 能正确制作符合诗句意境的动画画面效果（20 分） 4. 能正确导入并使用声音文件（10 分） 5. 能正确创建“Camera”图层，并调整摄像头动画（10 分） 6. 能正确保存和发布文件（10 分）	70			
4	成果展示及学习心得交流	展示与汇报成果时，能使用专业术语，口头表达准确，语言清晰流畅，发言声音洪亮，倾听汇报耐心，仪态大方	10			
5	自主总结	能对实训后的收获进行梳理、总结并纳入思维导图中	5			
6	6S 规范	每发现 1 次不符合规范的操作扣 2 分；若违反安全操作规范实训成绩记为 0 分	—			
综合得分						

六、实训拓展

1. 参考图 8-1-3 所示的小老虎使劲地吹着红色气球，直到把气球吹爆的动画效果图片，使用 Adobe Animate 2023 软件制作小老虎吹气球动画。

图 8-1-3　小老虎吹气球动画效果图片

2. 参考图 8-1-4 所示的荷塘一角，荷花静静开着，小瓢虫飞来，停留一刻后又飞走的动画效果图片，使用 Adobe Animate 2023 软件制作荷塘一角动画。

图 8-1-4　荷塘一角动画效果图片

七、知识巩固与提高

1. 可以导入到 Animate 软件中的声音文件格式不包括（　　）。

A. WAV　　　　B. MP3

C. PNG　　　　D. WMV

2.（　　）不属于声音的同步类型。

A. 数据流　　　　B. 事件

C. 开始　　　　D. 循环

3. 多角星形工具的边数最多有（　　）条。

A. 3　　B. 32

C. 16　　D. 72

4. 在“声音”图层中，将时间指针拖动到声音的开始位置后，按（　　）键就开始播放声音。

A. Shift　　B. Ctrl

C. Enter　　D. Alt

5.（　　）不是测试声音的方法。

A. 拖动播放指针　　B. 使用控制器

C. 按组合快捷键 Ctrl+Enter　　D. 按 F12 键

实训任务 2　制作钢琴动画

一、实训情境

某动画公司的设计师接受了一项动画制作任务：完成一架模拟钢琴动画的制作。该任务要求设计师在 30 min 内，使用 Adobe Animate 2023 软件进行模拟钢琴动画制作，得到图 8-2-1 所示的最终效果。

图 8-2-1　模拟钢琴动画效果

二、实训分析

在本任务中，可利用为指定元件添加声音的方法来完成动画的制作。任务开始前，按照图 8-2-2 所示的思维导图复习教材中的知识点和技能点。

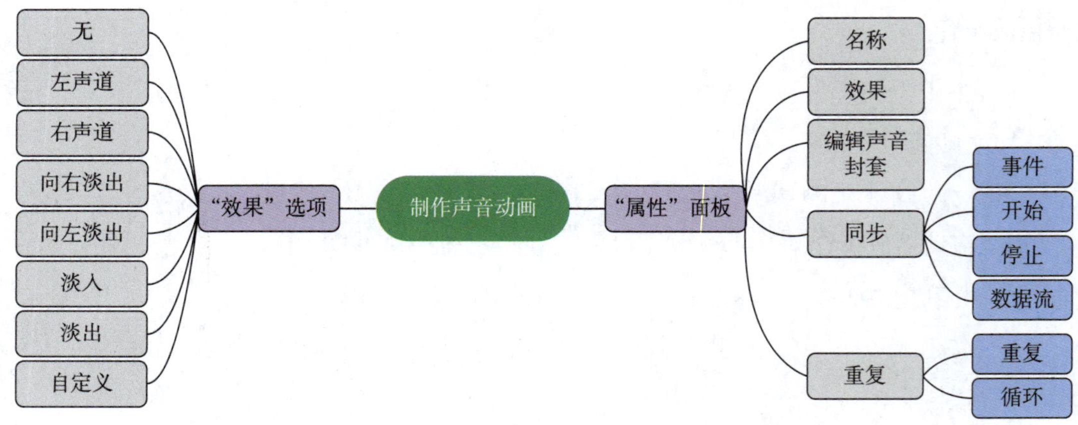

图 8-2-2　教材内容思维导图

三、实训计划制订

根据上一阶段的任务分析，完成实训计划的制订，填入表 8-2-1 中。

表 8-2-1　实训计划

序号	工作内容	所需时间
1		
2		
3		
4		

四、操作步骤提示

按照表 8-2-2 所列出的操作步骤和操作要点，完成钢琴动画的制作。

表 8-2-2　操作步骤提示

序号	操作步骤	操作要点	图示
1	新建文档	启动 Animate 程序，新建一个 ActionScript 3.0 文档，设置舞台大小为 550 像素 ×400 像素、帧频为 24	—

续表

序号	操作步骤	操作要点	图示
2	制作“背景”图层	1. 将图层_1重命名为“背景”，执行“文件”→“导入”→“导入到舞台”命令，将素材库中的“钢琴背景.jpg”图片导入舞台中 2. 使用“对齐”面板，使图片与舞台适配 3. 选中“背景”图层的第70帧，按F5键插入帧	
3	复制文件夹	打开素材文件“钢琴库.fla”，从“库”面板中选择“钢琴素材”文件夹，将其复制到新文档的“库”面板中	—
4	制作“钢琴盘”图层	1. 新建图层_2，将其重命名为“钢琴盘” 2. 打开“库”面板中的“钢琴素材”文件夹，将“钢琴盘”图形元件拖动到舞台中，放置到琴谱的下方	
5	制作“按键”图层	1. 新建图层_3，将其重命名为“按键” 2. 将“白键”图形元件拖动到舞台中，放置到钢琴盘的中央；将“黑键”图形元件拖动到舞台中，放置到白键的上方 3. 选中“白键”图形元件，执行“修改”→“分离”命令，将“白键”图形元件分离成7个单独的白色矩形 4. 选中最左端的白色矩形，按F8键将其转换为“do”按钮元件 5. 双击舞台中的“do”按钮元件，进入元件编辑区 6. 选中图层_1的指针经过帧，按F6键将其转换为关键帧，将白色矩形填充改为浅粉色（#FFCCCC） 7. 新建图层_2，选中图层_2的指针经过帧，按F6键将其转换为关键帧，将“库”面板中“声音”文件夹下的“do.wav”音频文件拖动到舞台中 8. 退出元件编辑区，返回场景 9. 使用类似方法，将其余6个白色矩形分别转换为“re”“mi”“fa”“sol”“la”和“si”按钮元件	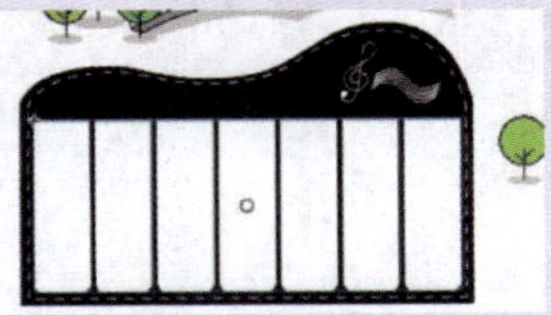   

续表

序号	操作步骤	操作要点	图示
6	制作“跳动音符”图层	1. 新建图层_4，将其重命名为“跳动音符” 2. 分别将“库”面板中的“红色音符动画”“蓝色音符动画”和“黄色音符动画”图形元件拖动到舞台中，分散放置到琴谱上 3. 执行“控制”→“测试”命令，观看测试动画	
7	保存与发布	1. 将文件保存为“钢琴 .fla” 2. 发布“钢琴 .html”	—

将实训过程中遇到的疑点、难点及相应的解决方法和心得体会记录在表 8-2-3 中，并在组内讨论和分享。

表 8-2-3　经验和心得体会记录

序号	涉及的操作步骤	经验和心得体会

五、实训评价

实训任务完成后，以适当的形式在班级内展示学习成果，交流学习心得，并归纳、总结实训中的收获，纳入思维导图中。

可采用学生自评、学生互评与教师评价相结合的多元评价方式，按表 8-2-4 所列评价项目完成实训评价。

表 8-2-4　实训评价表

序号	评价项目	评价要求	分值 / 分	学生自评（占比 30%）	学生互评（占比 30%）	教师评价（占比 40%）
1	自主复习	实训前能应用思维导图复习、总结学过的内容	5			
2	计划制订	对实训任务的分析准确、到位，有明确与可行的操作步骤	10			
3	任务实施及检查评估	操作熟练、得当，成果能满足任务要求，具体包括： 1. 能使用正确的方法新建 Animate 文档，并命名文档（10 分） 2. 能从“库”面板中正确复制文件夹（10 分） 3. 能合理地布置构图（10 分） 4. 能合理地使用声音文件（10 分） 5. 能正确制作按钮元件（20 分） 6. 能正确保存和发布文件（10 分）	70			
4	成果展示及学习心得交流	展示与汇报成果时，能使用专业术语，口头表达准确，语言清晰流畅，发言声音洪亮，倾听汇报耐心，仪态大方	10			
5	自主总结	能对实训后的收获进行梳理、总结并纳入思维导图中	5			
6	6S 规范	每发现 1 次不符合规范的操作扣 2 分；若违反安全操作规范实训成绩记为 0 分	—			
综合得分						

六、实训拓展

1. 参考图 8-2-3 所示的单击音箱上的彩色按钮，就能切换歌曲的动画效果图片，使用 Adobe Animate 2023 软件制作音乐点播台动画。

图 8-2-3　音乐点播台动画效果图片

2. 参考图 8-2-4 所示的用鼠标单击黑板中的生僻字，就能朗读文字的动画效果图片，使用 Adobe Animate 2023 软件制作生僻字动画。

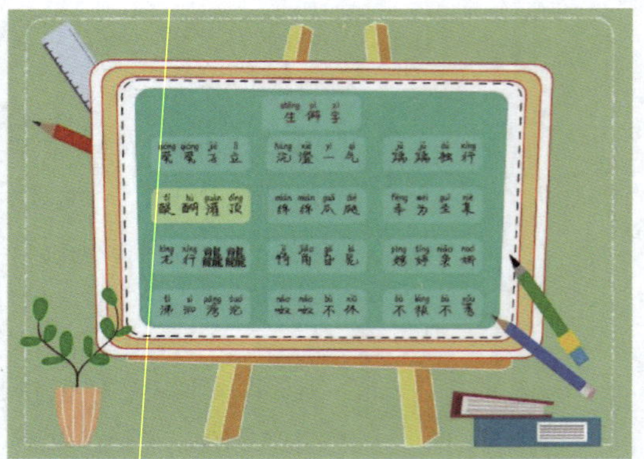

图 8-2-4　生僻字动画效果图片

七、知识巩固与提高

1. 添加声音以后，通过“属性”面板中的（　　）选项可以设置声音效果。

A. “效果”　　B. “淡出”

C. “声道”　　D. “自定义”

2. 动画编辑器用于对运动状态进行精确调整和控制，它只适用于（　　）动画。

A. 骨骼　　B. 传统补间

C. 补间形状　　D. 补间

3. 在 Animate 软件中，对象的运动默认是匀速的，但在实际生活中，对象的运动往往是有速度变化的，这在 Animate 软件中被称为（　　）。

A. 缓动　　B. 自由落体

C. 弹跳运动　　D. 加速

4. 在 Animate 软件中导入声音的方法是执行（　　）命令。

A. “文件” → “导入” → “导入到库”

B. “文件” → “导出”

C. “文件” → “声音”

D. “导入” → “声音”

5. 下列选项中，不属于“缓动效果”的是（　　）。

A. Go To Out　　B. Ease Out

C. No Ease　　D. Ease In Out

项目九
制作脚本动画

实训任务 1　制作升国旗动画

一、实训情境

某动画公司的设计师接受了一项动画制作任务：完成能人工控制的升国旗动画的制作。该任务要求设计师在 20 min 内，使用 Adobe Animate 2023 软件进行脚本动画制作，得到图 9-1-1 所示的最终效果。

图 9-1-1　升国旗动画效果

二、实训分析

在本任务中，可利用多角星形工具、“动作”面板和“代码片断”面板等来完成动画的制作。任务开始前，按照图 9-1-2 所示的思维导图复习教材中的知识点和技能点。

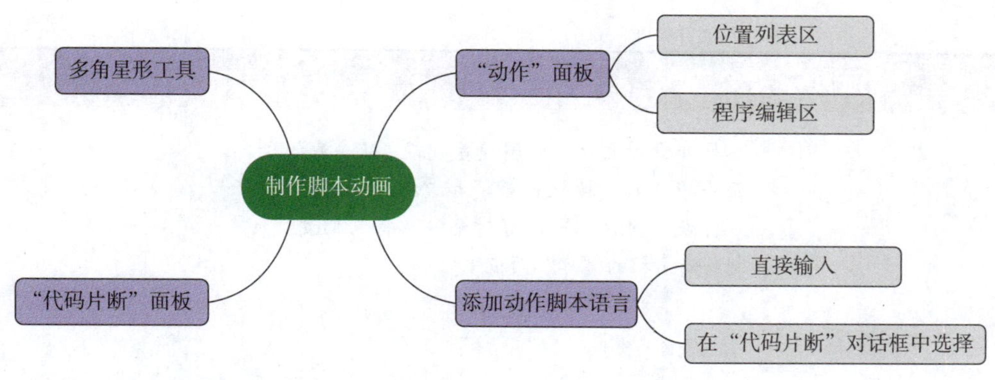

图 9-1-2　教材内容思维导图

三、实训计划制订

根据上一阶段的任务分析，完成实训计划的制订，填入表 9-1-1 中。

表 9-1-1　实训计划

序号	工作内容	所需时间
1		
2		
3		
4		

四、操作步骤提示

按照表 9-1-2 所列出的操作步骤和操作要点，完成升国旗动画的制作。

表 9-1-2　操作步骤提示

序号	操作步骤	操作要点	图示
1	新建文档	启动 Animate 程序，新建一个 ActionScript 3.0 文档，设置舞台大小为 550 像素 ×400 像素、帧频为 24	—
2	制作“背景”图层	1. 将图层_1 重命名为“背景”，执行“文件”→“导入”→“导入到舞台”命令，将素材库中的“升国旗背景.jpg”图片导入舞台中 2. 使用“对齐”面板，使图片与舞台适配 3. 选中“背景”图层的第 100 帧，按 F5 键插入帧，锁定“背景”图层	

续表

序号	操作步骤	操作要点	图示
3	复制元件	打开素材文件“升国旗库 .fla”，从“库”面板中选择“按钮轮廓”和“旗杆”图形元件及“国旗”影片剪辑元件，将它们复制到新文档的“库”面板中	—
4	制作“旗杆”图层	1. 新建图层_2，将其重命名为“旗杆” 2. 选中“旗杆”图层的第 1 帧，将“库”面板中的“旗杆”图形元件拖动到舞台左侧	
5	制作“国旗”图层	1. 新建图层_3，将其重命名为“国旗” 2. 选中“国旗”图层的第 1 帧，将“库”面板中的“国旗”影片剪辑元件拖动到旗杆的底端 3. 选中“国旗”图层的第 100 帧，将“国旗”影片剪辑元件拖动到旗杆的顶端 4. 选中“国旗”图层的第 1 帧，单击鼠标右键，在弹出的快捷菜单中选择“创建传统补间”	
6	制作“按钮”图层	1. 执行“插入”→“新建元件”命令，创建“开始”按钮元件 2. 在元件编辑区，将图层_1 重命名为“轮廓”，将“库”面板中的“按钮轮廓”图形元件拖动到舞台中心，选中指针经过帧，按 F5 键插入帧 3. 新建图层_2，将其重命名为“三角形” 4. 选中“三角形”图层的弹起帧，使用多角星形工具绘制一个三角形，填充为白色	

续表

序号	操作步骤	操作要点	图示
6	制作“按钮”图层	5. 选中“三角形”图层的指针经过帧，按 F6 键将其转换为关键帧，将三角形填充改为绿色（#66FF00） 6. 退出编辑元件区 7. 使用同样的方法，制作“停止”按钮元件 8. 新建图层_4，将其重命名为“按钮”，将“库”面板中的“开始”和“停止”按钮元件拖动到舞台右侧，上下排列	

7	制作“代码”图层	1. 选中“按钮”图层中的“开始”按钮元件，在“属性”面板中的“对象”选项卡下的实例名称中输入“kaishi”
		2. 选中“按钮”图层中的“停止”按钮元件，在“属性”面板中的“对象”选项卡下的实例名称中输入“tingzhi”
		3. 新建图层_5，将其重命名为“代码”
		4. 执行“窗口”→“动作”命令，打开“动作”面板，输入如下代码
		stop();
		kaishi.addEventListener(MouseEvent.CLICK,nowstart);
		function nowstart(event:MouseEvent):void{
		play();
			—

续表

序号	操作步骤	操作要点	图示

7	制作“代码”图层	}
		tingzhi.addEventListener(MouseEvent.CLICK,nowstop);
		function nowstop(event:MouseEvent):void{
		stop();
		}
		5. 执行“控制”→“测试”命令，观看测试动画
			—

8	保存与发布	1. 将文件保存为“升国旗.fla” 2. 发布“升国旗.html”	—

将实训过程中遇到的疑点、难点及相应的解决方法和心得体会记录在表 9–1–3 中，并在组内讨论和分享。

表 9–1–3　经验和心得体会记录

序号	涉及的操作步骤	经验和心得体会

五、实训评价

实训任务完成后，以适当的形式在班级内展示学习成果，交流学习心得，并归纳、总结实训中的收获，纳入思维导图中。

可采用学生自评、学生互评与教师评价相结合的多元评价方式，按表 9–1–4 所列评价项目完成实训评价。

表 9-1-4　实训评价表

序号	评价项目	评价要求	分值 / 分	学生自评（占比 30%）	学生互评（占比 30%）	教师评价（占比 40%）
1	自主复习	实训前能应用思维导图复习、总结学过的内容	5			
2	计划制订	对实训任务的分析准确、到位，有明确与可行的操作步骤	10			
3	任务实施及检查评估	操作熟练、得当，成果能满足任务要求，具体包括： 1. 能使用正确的方法新建 Animate 文档，并命名文档（10 分） 2. 能合理地布置构图（10 分） 3. 能正确制作按钮元件（20 分） 4. 能正确输入代码（20 分） 5. 能正确保存和发布文件（10 分）	70			
4	成果展示及学习心得交流	展示与汇报成果时，能使用专业术语，口头表达准确，语言清晰流畅，发言声音洪亮，倾听汇报耐心，仪态大方	10			
5	自主总结	能对实训后的收获进行梳理、总结并纳入思维导图中	5			
6	6S 规范	每发现 1 次不符合规范的操作扣 2 分；若违反安全操作规范实训成绩记为 0 分	—			
综合得分						

六、实训拓展

1. 参考图 9-1-3 所示的单击舞台下方的“走”或者“停”按钮，就能控制孙悟空是走动还是静止的动画效果图片，使用 Adobe Animate 2023 软件制作孙悟空走路动画。

图 9-1-3 孙悟空走路动画效果图片

2. 参考图 9-1-4 所示的单击跷跷板上的红色开关，跷跷板就能上下摇动的动画效果图片，使用 Adobe Animate 2023 软件制作跷跷板动画。

图 9-1-4 跷跷板动画效果图片

七、知识巩固与提高

1. 在 Animate 软件中，打开“动作”面板的快捷键是（　　）。

A. F7　　B. F5

C. F9　　D. F11

2.（　　）位于“动作”面板的右侧，用于编写程序。

A. 位置列表区　　B. 程序编辑区

C. 代码片断区　　D. 外部脚本区

3. Animate 软件中的按钮元件通常包含（　　）状态。

A. 弹起、按下、点击

B. 弹起、按下、指针经过

C. 弹起、指针经过、按下、禁用

D. 弹起、指针经过、按下、点击

4. 在 Animate 软件中，按钮的“弹起”状态通常代表（　　）。

A. 按下鼠标时的状态　　　　B. 鼠标指针经过时的状态

C. 未点击鼠标时的状态　　　D. 禁用状态

5. 要绘制一个八角星形，应使用（　　）工具。

A. 钢笔　　　　B. 线条

C. 多角星形　　D. 铅笔

实训任务 2　制作熊猫时钟动画

一、实训情境

某动画公司的设计师接受了一项动画制作任务：完成一款熊猫时钟动画的制作。该任务要求设计师在 35 min 内，使用 Adobe Animate 2023 软件进行脚本动画制作，得到图 9-2-1 所示的最终效果。

图 9-2-1　熊猫时钟动画效果

二、实训分析

在本任务中，可利用文本工具、创建实例和应用滤镜的方法等来完成动画的制作。任务开始前，按照图 9-2-2 所示的思维导图复习教材中的知识点和技能点。

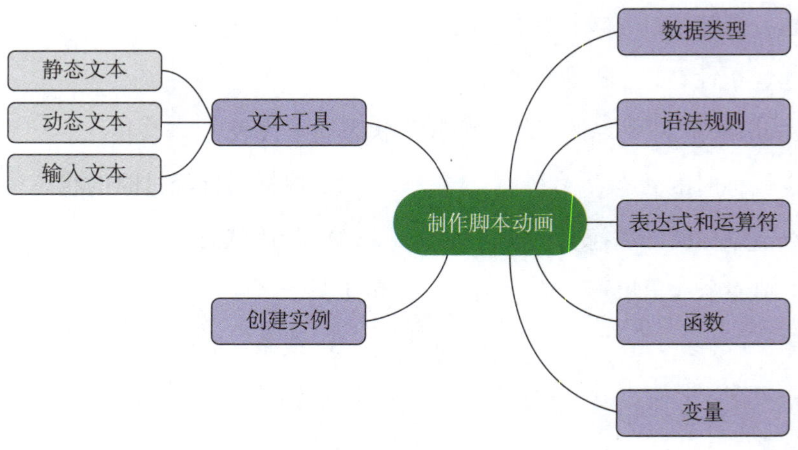

图 9-2-2 教材内容思维导图

三、实训计划制订

根据上一阶段的任务分析，完成实训计划的制订，填入表 9-2-1 中。

表 9-2-1 实训计划

序号	工作内容	所需时间
1		
2		
3		
4		

四、操作步骤提示

按照表 9-2-2 所列出的操作步骤和操作要点，完成熊猫时钟动画的制作。

表 9-2-2 操作步骤提示

序号	操作步骤	操作要点	图示
1	新建文档	启动 Animate 程序，新建一个 ActionScript 3.0 文档，设置舞台大小为 550 像素 ×400 像素、帧频为 24	—
2	制作“背景”图层	1. 将图层_1 重命名为“背景”，执行“文件”→“导入”→“导入到舞台”命令，将素材库中的“熊猫时钟背景.jpg”图片导入舞台中 2. 使用“对齐”面板，使图片与舞台适配	

续表

序号	操作步骤	操作要点	图示
3	复制元件	打开素材文件“熊猫时钟库.fla”，从“库”面板中选择“熊猫脚丫”图形元件和“熊猫时钟”影片剪辑元件，将它们复制到新文档的“库”面板中	—
4	制作“熊猫”图层	1. 新建图层_2，将其重命名为“熊猫”，将“库”面板中的“熊猫时钟”影片剪辑元件拖动到舞台中央 2. 选中“熊猫”图层的第1帧，在“属性”面板中的“帧”选项卡下添加“投影”滤镜，设置模糊为4、强度为100%、角度为45°、距离为4、阴影为深绿色（#336600）	
5	制作“文本框”图层	1. 新建图层_3，将其重命名为“文本框” 2. 使用文本工具，在熊猫时钟时间刻度盘下半部分区域创建4个文本框，排列方式为上排3个、下排1个 3. 选中上排左侧文本框，在“属性”面板中的“对象”选项卡下的实例名称中输入“y_txt”，代表这个文本框显示年份 4. 使用类似方法，依次在其他3个文本框的实例名称中输入“m_txt”“d_txt”和“w_txt”，代表这3个文本框分别显示月份、日期和星期	
6	制作“指针”图层	1. 执行“插入”→“新建元件”命令，创建“时针”影片剪辑元件 2. 在元件编辑区使用椭圆工具和基本矩形工具绘制一根时针 3. 新建图层_4，将其重命名为“指针” 4. 将“时针”影片剪辑元件从“库”面板中拖动到舞台中，放置在时间刻度盘中央位置	

续表

序号	操作步骤	操作要点	图示
6	制作“指针”图层	5. 选中“时针”影片剪辑元件，在“属性”面板中的“对象”选项卡下的实例名称中输入“sz_mc” 6. 使用类似方法，创建“分针”和“秒针”影片剪辑元件并将它们拖动到舞台中，与“时针”影片剪辑元件对齐 7. 分别选中“分针”和“秒针”影片剪辑元件，在“属性”面板中的“对象”选项卡下的实例名称中输入“fz_mc”和“mz_mc”	 

7	制作“代码”图层	1. 新建图层_5，将其重命名为“代码”
		2. 执行“窗口”→“动作”命令，打开“动作”面板，输入如下代码
		var dqtime:Timer = new Timer(1000);
		function xssj(event:TimerEvent):void{
		var sj:Date = new Date();
		var nf = sj.fullYear;
		var yf = sj.month+1;
		var rq = sj.date;
		var xq = sj.day;
		var h = sj.hours;
		var m = sj.minutes;
		var s = sj.seconds;
		var axq:Array = new Array(“星期日”,“星期一”,“星期二”,“星期三”,“星期四”,“星期五”,“星期六”);
		y_txt.text = nf;
		m_txt.text = yf;
		d_txt.text = rq;
			—

续表

序号	操作步骤	操作要点	图示

7	制作“代码”图层	w_txt.text = axq[xq];
		if(h>12){
		h=h-12;
		}
		sz_mc.rotation = h*30+m/2;
		fz_mc.rotation = m*6+s/10;
		mz_mc.rotation = s*6;
		}
		dqtime.addEventListener(TimerEvent.TIMER,xssj);
		dqtime.start();
		3. 执行“控制”→“测试”命令，观看测试动画
			—

8	保存与发布	1. 将文件保存为“熊猫时钟 .fla” 2. 发布“熊猫时钟 .html”	—

将实训过程中遇到的疑点、难点及相应的解决方法和心得体会记录在表 9-2-3 中，并在组内讨论和分享。

表 9-2-3　经验和心得体会记录

序号	涉及的操作步骤	经验和心得体会

五、实训评价

实训任务完成后，以适当的形式在班级内展示学习成果，交流学习心得，并归纳、总结实训中的收获，纳入思维导图中。

可采用学生自评、学生互评与教师评价相结合的多元评价方式，按表 9–2–4 所列评价项目完成实训评价。

表 9–2–4　实训评价表

序号	评价项目	评价要求	分值 / 分	学生自评（占比 30%）	学生互评（占比 30%）	教师评价（占比 40%）
1	自主复习	实训前能应用思维导图复习、总结学过的内容	5			
2	计划制订	对实训任务的分析准确、到位，有明确与可行的操作步骤	10			
3	任务实施及检查评估	操作熟练、得当，成果能满足任务要求，具体包括： 1. 能使用正确的方法新建 Animate 文档，并命名文档（10 分） 2. 能合理绘制时钟指针（10 分） 3. 能正确摆放文本框（20 分） 4. 能正确输入代码（20 分） 5. 能正确保存和发布文件（10 分）	70			
4	成果展示及学习心得交流	展示与汇报成果时，能使用专业术语，口头表达准确，语言清晰流畅，发言声音洪亮，倾听汇报耐心，仪态大方	10			
5	自主总结	能对实训后的收获进行梳理、总结并纳入思维导图中	5			
6	6S 规范	每发现 1 次不符合规范的操作扣 2 分；若违反安全操作规范实训成绩记为 0 分	—			
	综合得分					

六、实训拓展

1. 参考图 9-2-3 所示的深海中小气泡不断涌出的动画效果图片，使用 Adobe Animate 2023 软件制作海底气泡动画。

图 9-2-3　海底气泡动画效果图片

2. 参考图 9-2-4 所示的大雪飘落并覆盖住雪地上小脚印的动画效果图片，使用 Adobe Animate 2023 软件制作飘落的雪花动画。

图 9-2-4　飘落的雪花动画效果图片

七、知识巩固与提高

1. 下列选项中不属于 Animate 文本类型的是（　　）文本。

A. 静态　　B. 动态

C. 输出　　D. 输入

2. 在运行动画时，可以通过脚本编辑或修改的文本类型是（　　）文本。

A. 普通　　B. 静态

C. 动态　　D. 输入

3. 在输入文本后，在“段落”选项组的“行为”选项列表中新增了（　　）选项。

A. “多行”　　B. “密码”

C. “多行不换行”　　D. “单行”

4. 动作脚本有两种数据类型，即原始数据类型和引用数据类型。其中，原始数据类型不包括（　　）。

A. Movie Clip（影片剪辑）　　B. String（字符串）

C. Number（数字）　　D. Boolean（布尔值）

5. 下列选项中不属于界定符的是（　　）。

A. 大括号　　B. 分号

C. 破折号　　D. 圆括号

项目十
制作交互式动画

实训任务 1　制作新年贺卡动画

一、实训情境

某动画公司的设计师接受了一项电子贺卡制作任务：完成一张新年贺卡的制作。该任务要求设计师在 45 min 内，使用 Adobe Animate 2023 软件进行交互式动画制作，得到图 10–1–1 所示的最终效果。

图 10–1–1　新年贺卡动画效果

二、实训分析

在本任务中，可利用创建场景和使用帧选择器调整循环状态的方法等来完成新年贺卡动画的制作。任务开始前，按照图 10–1–2 所示的思维导图复习教材中的知识点和技能点。

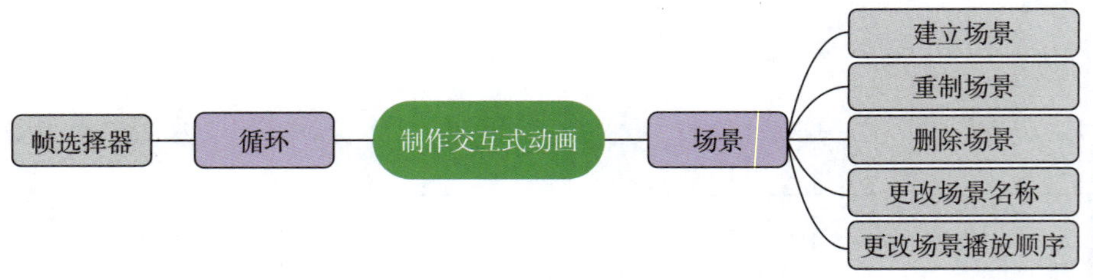

图 10-1-2 教材内容思维导图

三、实训计划制订

根据上一阶段的任务分析，完成实训计划的制订，填入表 10-1-1 中。

表 10-1-1 实训计划

序号	工作内容	所需时间
1		
2		
3		
4		

四、操作步骤提示

按照表 10-1-2 所列出的操作步骤和操作要点，完成新年贺卡的制作。

表 10-1-2 操作步骤提示

序号	操作步骤	操作要点	图示
1	新建文档	启动 Animate 程序，新建一个 ActionScript 3.0 文档，设置舞台大小为 550 像素 ×400 像素、帧频为 24	—
2	复制文件夹	打开素材文件“新年贺卡库.fla”，从“库”面板中选择“新年贺卡素材”文件夹，将其复制到新文档的“库”面板中	—
3	制作场景 1“背景”图层	1. 将图层_1 重命名为“背景” 2. 打开“库”面板中的“新年贺卡素材”文件夹，将“场景 1 背景.jpg”图片拖动到舞台中 3. 使用“对齐”面板，使图片与舞台适配	

续表

序号	操作步骤	操作要点	图示
4	制作“梅花树”图层	1. 新建图层_2，将其重命名为“梅花树” 2. 将“库”面板中的“梅花树”图形元件拖动到舞台中，放置到舞台右侧	
5	制作“大红花”图层	1. 新建图层_3，将其重命名为“大红花” 2. 将“库”面板中的“大红花动画”影片剪辑元件拖动到舞台中，复制多个，调整大小和角度，将它们放置到舞台左上角	
6	制作“红绸”图层	1. 新建图层_4，将其重命名为“红绸” 2. 将“库”面板中的“红绸动画”影片剪辑元件拖动到舞台中，复制多个，调整大小、角度和 Alpha 值，将它们放置到舞台下方	
7	制作“按钮”图层	1. 新建图层_5，将其重命名为“按钮” 2. 将“库”面板中的“倒计时”按钮元件拖动到舞台中，放置到舞台中央 3. 使用文本工具，在“倒计时”按钮元件上方输入红色文字“新年倒计时” 4. 选中文本框，在“属性”面板中的“对象”选项卡下添加“投影”和“斜角”滤镜	新年倒计时 10
8	创建“场景 2”	执行“插入”→“场景”命令，生成“场景 2”	—
9	制作场景 2“背景”图层	1. 在“场景 2”中将图层_1 重命名为“背景” 2. 将“库”面板中的“场景 2 背景”影片剪辑元件拖动到舞台中 3. 调整“场景 2 背景”影片剪辑元件为舞台的 2 倍高，底端与舞台对齐 4. 选中“背景”图层的第 150 帧，按 F5 键插入帧	

续表

序号	操作步骤	操作要点	图示
10	制作“房子”图层	1. 新建图层_2，将其重命名为“房子” 2. 将“库”面板中的“房子”图形元件拖动到舞台中 3. 将“库”面板中的“爆竹动画”图形元件拖动到舞台中，复制多个，调整大小和角度，将它们放置在舞台两侧	
11	制作“烟花”图层	1. 新建图层_3，将其重命名为“烟花” 2. 将“库”面板中的“烟花动画”图形元件拖动到舞台中，复制多个，调整大小和角度，将它们放置在舞台中 3. 分别选中各个“烟花动画”图形元件，在“属性”面板中的“对象”选项卡下添加“高级”色彩效果，调整红、绿、蓝颜色的百分比，使各烟花颜色各异 4. 分别选中各“烟花动画”图形元件，在“属性”面板中的“对象”选项卡下调整“帧选择器”中“第一帧”出现的数值，使烟花动画循环产生的初始时间各异 5. 将“烟花”图层拖动到“房子”图层的下方	
12	制作“文字”图层	1. 新建图层_4，将其重命名为“文字” 2. 使用文本工具，在舞台上方输入黄色文字“新年快乐” 3. 选中文本框，按 F8 键将其转换为“新年快乐”图形元件 4. 双击“新年快乐”图形元件，进入元件编辑区 5. 选中图层_1 的第 20 帧，按 F6 键将其转换为关键帧 6. 选中图层_1 的第 40 帧，按 F6 键将其转换为关键帧，使用文本工具将文字改为“万事顺意”	新年快乐 新年快乐 万事顺意

续表

序号	操作步骤	操作要点	图示
12	制作“文字”图层	7. 分别选中第 20 帧和第 40 帧，执行“修改”→“分离”命令两次，将文字分离 8. 选中图层_1 的第 20 帧，单击鼠标右键，在弹出的快捷菜单中选择“创建补间形状” 9. 选中第 20～40 帧，单击鼠标右键，在弹出的快捷菜单中选择“复制帧” 10. 选中第 80 帧，单击鼠标右键，在弹出的快捷菜单中选择“粘贴帧” 11. 选中第 80～100 帧，单击鼠标右键，在弹出的快捷菜单中选择“翻转帧” 12. 返回场景 2，选中“新年快乐”图形元件，在“属性”面板中的“帧”选项卡下添加“发光”滤镜，设置模糊为 30、颜色为红色、品质为高	新年快乐
13	制作“Camera”图层	1. 单击“时间轴”面板上的“添加摄像头”按钮，创建“Camera”图层 2. 将“Camera”图层的第 1 帧拖动到第 20 帧 3. 选中“Camera”图层的第 50 帧，按 F6 键将其转换为关键帧，将镜头画面向上拉至使“新年快乐”图形元件居于画面中央 4. 选中“Camera”图层的第 20 帧，单击鼠标右键，在弹出的快捷菜单中选择“创建传统补间”	新年快乐
14	制作“声音”图层	1. 执行“文件”→“导入”→“导入到库”命令，将素材库中的“新年音乐 .mp3”音频文件导入库中 2. 新建图层_5，将其重命名为“声音” 3. 选中“声音”图层的第 1 帧，将“库”面板中的“新年音乐 .mp3”音频文件拖动到舞台中	—

续表

序号	操作步骤	操作要点	图示

15	添加代码	1. 切换到场景 1，选中舞台中的“倒计时”按钮元件，在“属性”面板中的“对象”选项卡下的实例名称中输入“djs”
		2. 新建图层_6，将其重命名为“代码”，执行“窗口”→“动作”命令，打开“动作”面板，输入如下代码
		stop();
		djs.addEventListener(MouseEvent.CLICK, fl_ClickToGoToNextScene_2);
		function fl_ClickToGoToNextScene_2(event:MouseEvent):void
		{
		    MovieClip(this.root).nextScene();
		}
		使画面停留在当前场景，只有单击“倒计时”按钮元件后才能播放下一个场景
		3. 切换到场景 2，新建图层_6，将其重命名为“代码”，选中第 150 帧，按 F7 键将其转换为空白关键帧
		4. 执行“窗口”→“动作”命令，打开“动作”面板，输入如下代码
		stop();
		使画面停留在当前场景
		5. 执行“控制”→“测试”命令，观看测试动画
			—

16	保存与发布	1. 将文件保存为“新年贺卡 .fla” 2. 发布“新年贺卡 .html”	—

将实训过程中遇到的疑点、难点及相应的解决方法和心得体会记录在表 10–1–3 中，并在组内讨论和分享。

表 10-1-3　经验和心得体会记录

序号	涉及的操作步骤	经验和心得体会

五、实训评价

实训任务完成后，以适当的形式在班级内展示学习成果，交流学习心得，并归纳、总结实训中的收获，纳入思维导图中。

可采用学生自评、学生互评与教师评价相结合的多元评价方式，按表 10-1-4 所列评价项目完成实训评价。

表 10-1-4　实训评价表

序号	评价项目	评价要求	分值 / 分	学生自评（占比 30%）	学生互评（占比 30%）	教师评价（占比 40%）
1	自主复习	实训前能应用思维导图复习、总结学过的内容	5			
2	计划制订	对实训任务的分析准确、到位，有明确与可行的操作步骤	10			
3	任务实施及检查评估	操作熟练、得当，成果能满足任务要求，具体包括： 1. 能使用正确的方法新建 Animate 文档，并命名文档（10 分） 2. 能正确摆放各图层元件（10 分） 3. 能正确创建场景（10 分）	70			

续表

序号	评价项目	评价要求	分值 / 分	学生自评（占比 30%）	学生互评（占比 30%）	教师评价（占比 40%）
3	任务实施及检查评估	4. 能正确输入代码（20 分） 5. 能合理调整和完善动画效果（10 分） 6. 能正确保存和发布文件（10 分）				
4	成果展示及学习心得交流	展示与汇报成果时，能使用专业术语，口头表达准确，语言清晰流畅，发言声音洪亮，倾听汇报耐心，仪态大方	10			
5	自主总结	能对实训后的收获进行梳理、总结并纳入思维导图中	5			
6	6S 规范	每发现 1 次不符合规范的操作扣 2 分；若违反安全操作规范实训成绩记为 0 分	—			
综合得分						

六、实训拓展

1. 参考图 10-1-3 所示的将鼠标滑动到粽子香包上，粽子香包就摇晃起来，用鼠标单击一下粽子香包，龙舟瞬间出发，划过长长的江面，送来端午祝福的动画效果图片，使用 Adobe Animate 2023 软件制作端午节贺卡。

图 10-1-3　端午节贺卡效果图片

2. 参考图 10-1-4 所示的通过单击图片，即能显示出清朝文职官员朝服上的补子纹样的动画效果图片，使用 Adobe Animate 2023 软件制作服饰纹样图册。

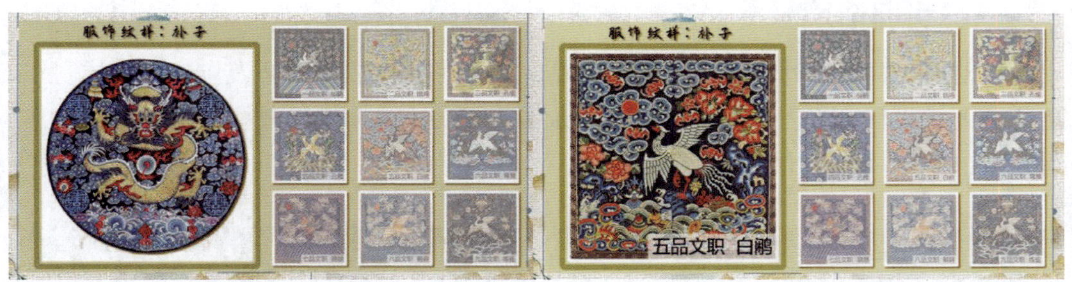

图 10-1-4　服饰纹样图册效果图片

七、知识巩固与提高

1. 下列关于优化 Animate 文档的说法中，错误的是（　　）。

A. 对于每个多次出现的元素，应使用元件、动画或其他对象

B. 在创建动画序列时，尽可能不使用补间动画，因为与逐帧动画相比，其占用的文件空间更大

C. 对于动画序列，应使用影片剪辑而不是图形元件

D. 对于声音，应尽可能使用 MP3 这种占用空间最小的声音格式

2. 导出 Animate 动画时，（　　）格式能保持交互控制生效。

A. SWF　　　　B. AVI

C. GIF　　　　D. PNG

3. 在 Animate 软件中，不能对场景执行的操作是（　　）。

A. 添加　　　　B. 删除

C. 剪切　　　　D. 更改场景顺序

4. 在 Animate 软件中，允许在一个文件中创建（　　）个场景。

A. 1　　　　B. 最多 2

C. 最多 10　　　　D. 无限制

5. 在 Animate 软件中发布影片后，默认声音将以（　　）格式输出。

A. MP3　　　　B. WAV

C. AU　　　　D. MDI

实训任务 2　制作个人作品网站

一、实训情境

某动画公司的设计师接受了一项网站制作任务：完成一个个人作品网站的制作。该任务要求设计师在 45 min 内，使用 Adobe Animate 2023 软件进行交互式动画制作，得到图 10-2-1 所示的最终效果。

图 10-2-1　个人作品网站动画效果

二、实训分析

在本任务中，可利用“动画预设”面板和网站结构布局方法等来完成网站动画的制作。任务开始前，按照图 10-2-2 所示的思维导图复习教材中的知识点和技能点。

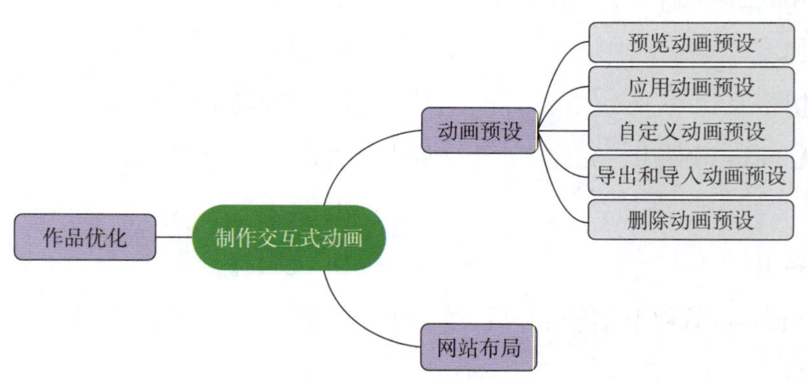

图 10-2-2　教材内容思维导图

三、实训计划制订

根据上一阶段的任务分析，完成实训计划的制订，填入表 10-2-1 中。

表 10-2-1　实训计划

序号	工作内容	所需时间
1		
2		
3		
4		

四、操作步骤提示

按照表 10-2-2 所列出的操作步骤和操作要点，完成个人作品网站的制作。

表 10-2-2　操作步骤提示

序号	操作步骤	操作要点	图示
1	新建文档	启动 Animate 程序，新建一个 ActionScript 3.0 文档，设置舞台大小为 1 024 像素 ×768 像素、帧频为 24	—
2	复制文件夹	打开素材文件“个人作品网站库 .fla”，从“库”面板中选择“个人作品网站素材”文件夹，将其复制到新文档的“库”面板中	—
3	制作“背景”图层	1. 将图层_1 重命名为“背景” 2. 打开“库”面板中的“个人作品网站素材”文件夹，将“个人作品网站背景 .jpg”图片拖动到舞台中 3. 使用“对齐”面板，使图片与舞台适配 4. 选中“背景”图层的第 179 帧，按 F5 键插入帧	
4	制作“导航条”图层	1. 新建图层_2，将其重命名为“导航条” 2. 将“库”面板中的“导航条”影片剪辑元件拖动到舞台中，放置到舞台上方	
5	制作“名称”图层	1. 新建图层_3，将其重命名为“名称” 2. 使用文本工具，在导航条区域中输入文字“××× 个人作品”	

续表

序号	操作步骤	操作要点	图示
5	制作“名称”图层	3. 选中文本框，按 F8 键将其转换为“网站名称”影片剪辑元件 4. 双击“网站名称”影片剪辑元件，进入元件编辑区 5. 选中文本框，打开“动画预设”面板，在默认预设中选择合适的动画预设效果应用于文本框	—
6	制作“按钮”图层	1. 执行“插入”→“新建元件”命令，创建“按钮 1”按钮元件 2. 在元件编辑区选中图层_1 的弹起帧，打开“库”面板中的“个人作品网站素材”文件夹，将“照片素材”文件夹下的“照片 1.png”图片文件拖动到舞台中心，使用任意变形工具将其向左稍微旋转 3. 使用钢笔工具绘制一条带蝴蝶结绑带的红线 4. 选中红线和“照片 1.png”图片文件，按组合快捷键 Ctrl+G 进行组合 5. 选中图层_1 的指针经过帧，按 F6 键将其转换为关键帧，将组合向左稍微旋转 6. 返回场景 1，新建图层_4，将其重命名为“按钮”，将“库”面板中的“按钮 1”按钮元件拖动到舞台中，放置在导航条的左下方 7. 使用类似方法，创建“按钮 2”“按钮 3”“按钮 4”“按钮 5”和“按钮 6”按钮元件，并将它们从左向右依次放置在导航条的下方 8. 将“按钮”图层拖动到“导航条”图层的下方	
7	制作“图片”文件夹	1. 新建图层_5，将其重命名为“图片 1” 2. 选中“图片 1”图层的第 2 帧，按 F7 键将其转换为空白关键帧，将“库”面板中的“图片素材”文件夹下的“1 春分场景 .jpg”图片文件拖动到舞台中，将其缩小后放置在舞台右侧之外	

续表

序号	操作步骤	操作要点	图示
7	制作“图片”文件夹	3. 选中“1 春分场景.jpg”图片文件，按F8键将其转换为“图片1”图形元件 4. 选中“图片1”图层的第15帧，将“图片1”图形元件拖动到舞台中心后适当放大 5. 选中“图片1”图层的第30帧，将“图片1”图形元件拖动到舞台左侧之外 6. 分别选中“图片1”图层的第2帧和第15帧，单击鼠标右键，在弹出的快捷菜单中选择“创建传统补间” 7. 使用类似方法，将“库”面板中的“图片素材”文件夹下的“2 吃西瓜_gif”影片剪辑元件转化为“图片2”图形元件，并在“图片2”图层的第31～44帧、第44～59帧创建传统补间动画 8. 使用类似的方法，将“3 红绸随风飘舞_gif”影片剪辑元件转化为“图片3”图形元件，并在“图片3”图层的第60～73帧、第73～89帧创建传统补间动画；将“4 浇水_gif”影片剪辑元件转化为“图片4”图形元件，并在“图片4”图层的第90～103帧、第103～119帧创建传统补间动画；将“5 彩虹_gif”影片剪辑元件转化为“图片5”图形元件，并在“图片5”图层的第120～133帧、第133～149帧创建传统补间动画；将“6 摇摆仙人掌_gif”影片剪辑元件转化为“图片6”图形元件，并在“图片6”图层的第150～163帧、第163～179帧创建传统补间动画	      

续表

序号	操作步骤	操作要点	图示
7	制作“图片”文件夹	9. 单击“时间轴”面板上的“新建文件夹”按钮，生成新的文件夹，将其重命名为“图片” 10. 将“图片 1”“图片 2”“图片 3”“图片 4”“图片 5”和“图片 6”图层拖动到“图片”文件夹中	
8	制作“关闭按钮”图层	1. 新建图层_11，将其重命名为“关闭按钮” 2. 选中“关闭按钮”图层的第 15 帧，按 F7 键将其转换为空白关键帧，将“库”面板中的“关闭按钮”按钮元件拖动到舞台中，放置在“图片 1”图形元件右上角 3. 选中“关闭按钮”图层的第 16 帧，按 F7 键将其转换为空白关键帧 4. 使用同样的方法，在第 44 帧、第 73 帧、第 103 帧、第 133 帧、第 163 帧中为对应的图片元件添加关闭按钮	“关闭按钮”按钮元件

9	添加代码	1. 分别选中舞台中的“按钮 1”“按钮 2”“按钮 3”“按钮 4”“按钮 5”和“按钮 6”按钮元件，在“属性”面板中的“对象”选项卡下的实例名称中输入“a”“b”“c”“d”“e”和“f”
		2. 选中“关闭按钮”图层第 15 帧的“关闭按钮”按钮元件，在“属性”面板中的“对象”选项卡下的实例名称中输入“ag”；使用类似方法，在第 44 帧输入“bg”，在第 73 帧输入“cg”，在第 103 帧输入“dg”，在第 133 帧输入“eg”，在第 163 帧输入“fg”
		3. 新建图层_12，将重命名为“代码”，选中第 1 帧，打开“动作”面板，输入如下代码
		`stop();`
		`a.addEventListener(MouseEvent.CLICK,aaa);`
		`function aaa(event:MouseEvent) {`
			—

续表

<table>
<tr><th>序号</th><th>操作步骤</th><th>操作要点</th><th>图示</th></tr>
<tr><td>9</td><td>添加代码</td><td><pre>
  gotoAndPlay(2);
  }
  b.addEventListener(MouseEvent.CLICK,bbb);
  function bbb(event:MouseEvent) {
  gotoAndPlay(31);
  }
  c.addEventListener(MouseEvent.CLICK,ccc);
  function ccc(event:MouseEvent) {
  gotoAndPlay(60);
  }
  d.addEventListener(MouseEvent.CLICK,ddd);
  function ddd(event:MouseEvent) {
  gotoAndPlay(90);
  }
  e.addEventListener(MouseEvent.CLICK,eee);
  function eee(event:MouseEvent) {
  gotoAndPlay(120);
  }
  f.addEventListener(MouseEvent.CLICK,fff);
  function fff(event:MouseEvent) {
  gotoAndPlay(150);
  }
</pre>使画面停留在第 1 帧，只有单击相应的按钮元件才能播放对应图片图层的动画</td><td>—</td></tr>
</table>

续表

序号	操作步骤	操作要点	图示

9	添加代码	4. 选中第 15 帧时的“关闭按钮”按钮元件，在“动作”面板输入如下代码
		stop();
		ag.addEventListener(MouseEvent.CLICK,aa);
		function aa(event:MouseEvent) {
		gotoAndPlay(16);
		}
		使“图片 1”图层的动画在第 15 帧停止播放，只有单击“关闭按钮”按钮元件才能继续播放
		使用类似方法，为第 44 帧、第 73 帧、第 103 帧、第 133 帧、第 163 帧的“关闭按钮”按钮元件添加同样的代码，并将代码中括号内的数字更改为各自对应帧数的下一帧的帧数
		5. 分别选中“图片 1”图层的第 30 帧、“图片 2”图层的第 59 帧、“图片 3”图层的第 89 帧、“图片 4”图层的第 119 帧、“图片 5”图层的第 149 帧、“图片 6”图层的第 179 帧，在“动作”面板中输入如下代码
		gotoAndStop(1);
		使每个图片图层动画播放完毕，返回第 1 帧
		6. 执行“控制”→“测试”命令，观看测试动画
			—

10	保存与发布	1. 将文件保存为“个人作品网站 .fla” 2. 发布“个人作品网站 .html”	—

将实训过程中遇到的疑点、难点及相应的解决方法和心得体会记录在表 10-2-3 中，并在组内讨论和分享。

表 10-2-3　经验和心得体会记录

序号	涉及的操作步骤	经验和心得体会

五、实训评价

实训任务完成后，以适当的形式在班级内展示学习成果，交流学习心得，并归纳、总结实训中的收获，纳入思维导图中。

可采用学生自评、学生互评与教师评价相结合的多元评价方式，按表 10-2-4 所列评价项目完成实训评价。

表 10-2-4　实训评价表

序号	评价项目	评价要求	分值 / 分	学生自评（占比 30%）	学生互评（占比 30%）	教师评价（占比 40%）
1	自主复习	实训前能应用思维导图复习、总结学过的内容	5			
2	计划制订	对实训任务的分析准确、到位，有明确与可行的操作步骤	10			
3	任务实施及检查评估	操作熟练、得当，成果能满足任务要求，具体包括： 1. 能使用正确的方法新建 Animate 文档，并命名文档（10 分）	70			

续表

序号	评价项目	评价要求	分值 / 分	学生自评（占比30%）	学生互评（占比30%）	教师评价（占比40%）
3	任务实施及检查评估	2. 能正确摆放各图层元件（10 分） 3. 能合理整合素材（10 分） 4. 能正确输入代码（20 分） 5. 能合理调整和完善动画效果（10 分） 6. 能正确保存和发布文件（10 分）				
4	成果展示及学习心得交流	展示与汇报成果时，能使用专业术语，口头表达准确，语言清晰流畅，发言声音洪亮，倾听汇报耐心，仪态大方	10			
5	自主总结	能对实训后的收获进行梳理、总结并纳入思维导图中	5			
6	6S 规范	每发现 1 次不符合规范的操作扣 2 分；若违反安全操作规范，实训成绩记为 0 分	—			
		综合得分				

六、实训拓展

1. 参考图 10-2-3 所示的通过单击导航按钮，即可在网站不同页面进行切换的动画效果图片，使用 Adobe Animate 2023 软件制作家庭花卉网站。

图 10-2-3　家庭花卉网站图片

2. 参考图 10-2-4 所示的通过单击指示按钮，即可在课件不同页面进行切换的动画效果图片，使用 Adobe Animate 2023 软件制作古诗欣赏课件。

图 10-2-4　古诗欣赏课件图片

七、知识巩固与提高

1. 下面的（　　）操作可以使电影优化。

A. 如果电影中的元素有使用一次以上者，可以考虑将其转换为元件

B. 只要有可能，应尽量使用形状补间

C. 尽量导入 WAV 格式的声音

D. 尽量使用位图图像元素的动画

2. Animate 软件的影片浏览器不能显示文档中的（　　）内容。

A. 脚本　　B. 位图

C. 声音　　D. 关键帧

3. Animate 文档被保存后，其默认扩展名为（　　）。

A. .fla　　B. .swf

C. .an　　D. .lfa

4. Animate 软件的组件不包括（　　）类。

A. jQuery UI　　B. 用户界面

C. 音频　　D. 视频

5. 在 Animate 软件中，对组件的操作不包括（　　）。

A. 移动组件　　B. 添加组件

C. 删除组件　　D. 设置组件参数